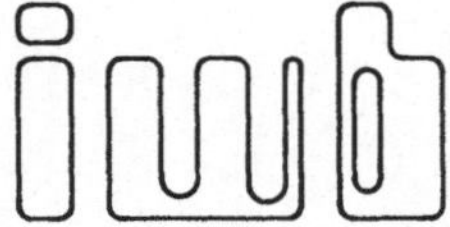

Forschungsberichte · Band 8

**Berichte aus dem
Institut für Werkzeugmaschinen
und Betriebswissenschaften
der Technischen Universität München**

Herausgeber: Prof.Dr.-Ing. J. Milberg

Ulrich Pilland

Echtzeit-Kollisionsschutz an NC-Drehmaschinen

Mit 54 Abbildungen

Springer-Verlag Berlin Heidelberg GmbH 1986

Dipl.-Ing. Ulrich Pilland
Institut für Werkzeugmaschinen und Betriebswissenschaften (iwb), München

Dr.-Ing. J. Milberg
o. Professor an der Technischen Universität München
Institut für Werkzeugmaschinen und Betriebswissenschaften (iwb), München

D 91

ISBN 978-3-540-17274-1   ISBN 978-3-662-06810-6 (eBook)
DOI 10.1007/978-3-662-06810-6

Gesamtherstellung: Hieronymus Buchreproduktions GmbH, München
2362/3020-543210

Geleitwort des Herausgebers

Die Verbesserung von Fertigungsmaschinen und Fertigungsverfahren,
sowie der Fertigungsorganisation im Hinblick auf die Steigerung
der Produktivität und die Verringerung der Fertigungskosten ist
eine ständige Aufgabe der Produktionstechnik. Die Situation in der
Produktionstechnik ist durch abnehmende Fertigungslosgrößen und
zunehmende Personalkosten sowie durch eine unzureichende Nutzung
der Produktionsanlagen geprägt. Neben den Forderungen nach einer
Verbesserung von Mengenleistung und Arbeitsgenauigkeit gewinnt die
Steigerung der Flexibilität von Fertigungsmaschinen und Ferti-
gungsabläufen immer mehr an Bedeutung. In zunehmenden Maße werden
Programme, Einrichtungen und Anlagen für rechnergestützte und
flexibel automatisierte Produktionsabläufe entwickelt.

Ziel der Forschungsarbeiten am Institut für Werkzeugmaschinen und
Betriebswissenschaften an der TU München (iwb) ist die weitere
Verbesserung der Fertigungsmittel und Fertigungsverfahren im Hinblick auf eine Optimierung der Arbeitsgenauigkeit und Mengenleistung der Fertigungssysteme. Dabei stehen Fragen der anforderungs-
gerechten Maschinenauslegung sowie der optimalen Prozeßführung im
Vordergrund. Ein weiterer Schwerpunkt ist die Entwicklung fortge-
schrittener Produktionsstrukturen und die Erarbeitung von Konzep-
ten für die Automatisierung des Auftragsdurchlaufs. Das Ziel ist
eine Integration der technischen Auftragsabwicklung von der Konstruktion bis zur Montage.

Die im Rahmen dieser Buchreihe erscheinenden Bände stammen thema-
tisch aus den Forschungsbereichen des iwb: Fertigungsverfahren,
Werkzeugmaschinen, Fertigungs- und Montageautomatisierung, Be-
triebsplanung sowie Steuerungstechnik und Informationsverarbei-
tung. In ihnen werden neue Ergebnisse und Erkenntnisse aus der
praxisnahen Forschung des iwb veröffentlicht. Diese Buchreihe
soll dazu beitragen, den Wissenstransfer zwischen dem Hochschul-
bereich und dem Anwender in der Praxis zu verbessern.

Joachim Milberg

<u>Vorwort</u>

Die vorliegende Dissertation entstand während meiner Tätigkeit als wissenschaftlicher Mitarbeiter am Institut für Werkzeugmaschinen und Betriebswissenschaften (iwb) der Technischen Universität München.

Mein besonderer Dank gilt Herrn Prof. Dr.-Ing. J. Milberg, dem Leiter dieses Instituts, für die wohlwollende Förderung und großzügige Unterstützung sowie für die wertvollen Hinweise zu dieser Arbeit.

Des weiteren danke ich Herrn Prof. Dr.-Ing. J. Heinzl für die aufmerksame Durchsicht der Arbeit und die wertvollen Anregungen zur Gestaltung des Inhalts.

Allen Kollegen und Mitarbeitern des Instituts und allen Studenten, die mich bei der Erstellung meiner Arbeit unterstützt haben, bin ich zu aufrichtigem Dank verpflichtet.

München, 1986   Ulrich Pilland

Inhaltsverzeichnis

- 1 -

0.1 <u>Formelzeichen</u>

A	Parameter der Geradengleichung;
B	Parameter der Geradengleichung;
C	Parameter der Geradengleichung;
D	Abstand zur Geraden;
D_{max}	maximaler Abstand zur Geraden;
D_{norm}	normierter Abstand zur Geraden;
$D_{norm,max}$	normierter Maximalabstand zur Geraden;
I	Kreisbestimmungsgröße;
K	Kreisbestimmungsgröße;
k_v	Verstärkungsfaktor des Lageregelkreises;
L	Anzahl;
M	Anstieg der Geraden;
$\overline{M}$	Ortsvektor des Kreismittelpunktes;
M_x	X-Koordinate des Kreismittelpunktes;
M_z	Z-Koordinate des Kreismittelpunktes;
N	Anzahl;
N_{norm}	Normierungsfaktor für die Geradengleichung;
P_1, P_2	Parameter für die Drehabbildung;
R	Kreisradius;
R_{min}	minimaler Kreisradius;
R_{max}	maximaler Kreisradius;
R_{mes}	gemessener Kreisradius;
S_0	Startpunkt für die Kreispolygonalisierung;
S_n	n-ter Punkt für die Kreispolygonalisierung;
S_m	Endpunkt für die Kreispolygonalisierung;
$\overline{S}$	Ortsvektor von S bezogen auf den Maschinennullpunkt;
$\overline{S}'$	Ortsvektor von S bezogen auf den Kreismittelpunkt;
ΔS	Schleppfehler;
ΔS_x	Schleppfehler in X-Richtung;
ΔS_z	Schleppfehler in Z-Richtung;
T	Parameter der Geradengleichung;
ΔT	Zeitintervall;
X_P	X-Koordinate eines Punktes;
X_S	X-Koordinate des Startpunktes;
X_E	X-Koordinate des Endpunktes;
ΔX	Abstand in X-Richtung;

Z_P	Z-Koordinate eines Punktes;
Z_S	Z-Koordinate des Startpunktes;
Z_E	Z-Koordinate des Endpunktes;
ΔZ	Abstand in Z-Richtung;
α	Winkel;
α_n	Winkel der n-ten Messung;
ε	maximaler Fehler bei der Kreispolygonalisierung;
ω_{max}	maximale Drehzahl;
$\Delta \omega$	Drehzahlbereich;

0.2 Mathematische Operatoren

$\sqrt{}$	Quadratwurzel;
sin	Sinusfunktion;
cos	Cosinusfunktion;
log	Logarithmus zur Basis 10;
O(N)	Ordnungsfunktion;
$\vee$	ODER-Verknüpfung;
$\wedge$	UND-Verknüpfung;
$\veebar$	EXKLUSIV-ODER-Verknüpfung;

1 Einleitung

Von modernen Fertigungsanlagen wird erwartet, daß sie durch eine
verbesserte Leistungsfähigkeit verbunden mit einer großen Flexibilität eine Steigerung der Produktivität sicherstellen /M1/. Bei
Drehmaschinen zum Beispiel wird dies durch höhere Verfahrgeschwindigkeiten, mehrere Schlitten und entsprechend aufwendige Steuerungen erreicht. Als Folge davon werden die entsprechend komplexen
Maschinen störungsanfälliger und schwieriger zu bedienen. Kollisionen durch Fehleingaben der Bedienperson und durch Fehlfunktionen
der Steuerung verursachen hohe Kosten. Um solche Schäden zu vermeiden oder wenigstens zu reduzieren, wurden verschiedene Systeme entwickelt, die Kollisionen verhindern oder wenigstens die Folgen in
Grenzen halten sollen. Allerdings decken diese Systeme immer nur
Teilbereiche der Kollisionsursachen ab, so daß sie nur teilweisen
Schutz bieten. Die Frage nach einem umfassenden Kollisionsschutz,
der in Echtzeit möglichst alle Kollisionsursachen rechtzeitig erkennt, wird deshalb immer dringender.

2 Anforderungsprofil

Die Entwicklung eines möglichst umfassenden Kollisionsschutzsystems
setzt eingehende Untersuchungen voraus, die die Kollisionsursachen
genau klassifizieren, so daß ein Anforderungsprofil erstellt werden
kann. Da ein 100% sicheres System technisch nicht möglich und wirtschaftlich auch nicht sinnvoll ist, muß versucht werden, die Hauptursachen der Kollisionen zu erfassen, um so einen Ansatzpunkt für
ein optimales, technisch realisierbares Kollisionsschutzsystem zu
erreichen. Zu diesem Zweck ist es sinnvoll, nicht nur die Kollisionsursachen, sondern auch bereits vorhandene Systeme auf ihre
Vor- und Nachteile hin zu untersuchen.

2.1 <u>Analyse von Kollisionen</u>

Um einen Überblick darüber zu erhalten, wie hoch im Schnitt die
Schäden sind, die durch Kollisionen hervorgerufen werden, wurden
Schadensanalysen von Versicherungsfällen durchgeführt. Untersucht
wurde der Zeitraum von 1976 bis 1982 /S17/. Von den 65 regulierten
Schäden waren 49 auf Kollisionen zurückzuführen, wobei die mittlere
Schadenshöhe DM 18600.- betrug. Dabei ist nicht mit berücksichtigt,
daß die Ausfallfolgekosten der Maschine die reinen Instandsetzungs-
kosten um den Faktor 4 überschreiten /G1/. Bild 2.1 zeigt die
Verteilung der Ausfalldauern bei Kollisionen, die wesentlich die
Folgekosten beeinflussen.

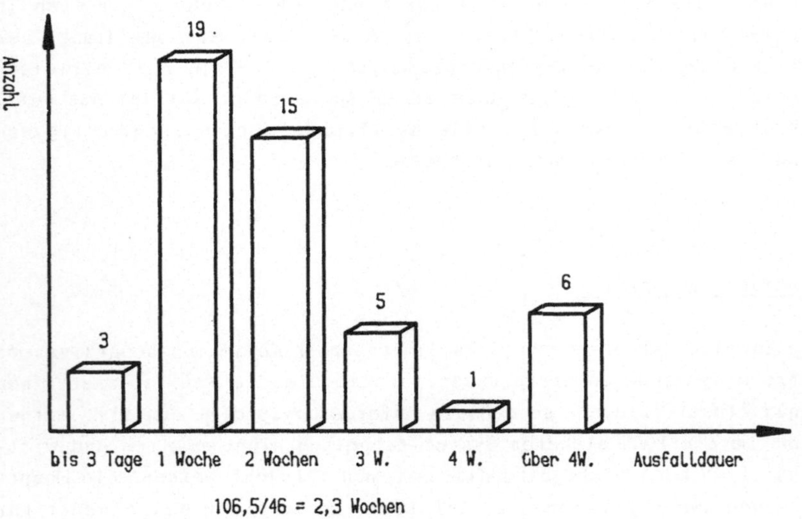

Bild 2.1 : Verteilung der Ausfalldauer bei Kollisionsschäden /S17/

Aus Bild 2.2 läßt sich nun entnehmen, welche Gründe für die Kollisionen maßgebend waren:

13 % entfielen auf Programmfehler   (Teileprogramm);

21 % auf Bedienungsfehler beim Einrichten;

18 %   auf Einsetzen eines falschen Werkzeuges und falsche Werkzeug-
       korrekturwerte;

20 %   auf Bedienungsfehler bei normalem Betrieb;

25 %   auf die Steuerung (falsche Vorschübe, Elektrik);

3 %   auf falsche Abmessungen des Rohteils (Halbzeuge).

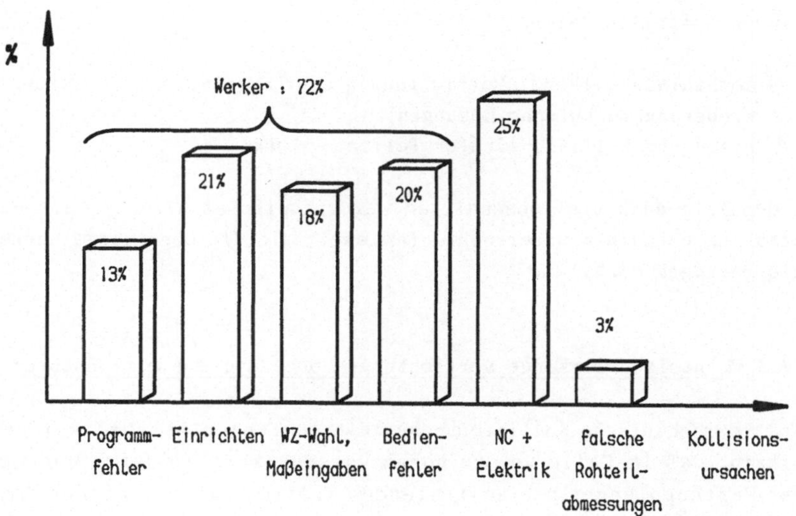

Bild 2.2 : Ursachen für Kollisionen an NC-Werkzeugmaschinen, ge-
           ordnet nach zusammengehörigen Gruppen /S17/.

Daraus wird deutlich, daß nahezu 3/4 aller Kollisionen auf mensch-
liches Fehlverhalten zurückzuführen sind. Moderne Maschinen sind
dabei besonders gefährdet, da sie durch ihre größere Leistungsfähigkeit immer schwerer beherrschbar werden. Diese Untersuchungs-
ergebnisse zeigen, welche Grundbedingungen ein umfassender Kollisionsschutz erfüllen muß:

   - Er muß On-Line mit der Steuerung gekoppelt sein und alle
     Überprüfungen in Echtzeit durchführen können, denn nur so sind

alle Einflußgrößen zu berücksichtigen.
- Er muß alle Kollisionssituationen rechtzeitig erkennen können.
- Er muß wirtschaftlich sein.
- Er muß einfach zu bedienen sein.

2.2 Diskussion verschiedener Kollisionsschutzsysteme

Die bisher realisierten Systeme lassen sich im wesentlichen in drei
Gruppen aufteilen /S17/:

- mechanisch wirkende Vorrichtungen oder Systeme mit Sensoren;
- steuerungstechnische Lösungen;
- Erzeugung kollisionsfreier Teileprogramme.

In den folgenden drei Abschnitten werden beispielhafte Systeme und
Verfahren daraufhin untersucht, inwieweit sie die oben aufgeführten
Anforderungen erfüllen.

2.2.1 Mechanisch wirkende Vorrichtungen oder Systeme mit Sensoren

Passive mechanische Kollisionsschutzeinrichtungen beruhen auf dem
Prinzip, daß im Falle von zu hohen Vorschubkräften durch Rutsch-
oder Rastkupplungen die auftretenden Kräfte begrenzt werden /A1,
B3,H1,S5,S7,U1,NN12,NN13/. Der Vorteil dieser Systeme beruht auf
ihrer sicheren und einfachen Funktionsweise. Sie können meist
leicht nachgerüstet werden und sind relativ preisgünstig.

Mit einer Überwachung der Antriebsleistung /G4/ ist es möglich, zu
hohe Kräfte zu erkennen, die auf Kollisionen schließen lassen.
Dieser sehr indirekte Weg führt jedoch leicht zu fehlerhaften oder
zu späten Meldungen. Eine generelle Strombegrenzung des Antriebes
/B4/ kann einen eventuellen Kollisionsschaden, wenn überhaupt, nur
geringfügig vermindern.

Signale von Werkzeugbruchüberwachungs- /K2,K3,L1,W1,NN14/ oder
Adaptiv-Control-Systemen /A2,B5,N2,P5/ können zur Kollisionserken-

nung herangezogen werden. Diese Systeme messen die Schnittkräfte direkt und reagieren sehr schnell, wodurch die Schadenshöhe wirkungsvoll begrenzt werden kann. Fehlerhafte Kollisionsmeldungen versucht man zum Teil durch eine Analyse des Frequenzspektrums auszuschalten, das man aus dem Meßsignal der Schnittkraftmeßaufnehmer gewinnen kann. Der Nachteil dieser Verfahren ist, daß sie erst nach Eintritt der Kollision wirksam werden und daher nur die Folgen begrenzen, Kollisionen jedoch nicht verhindern können.

Ein Versuch, den oben genannten Nachteil zu vermeiden, besteht darin, daß mit Hilfe von Sensoren die Werkstückform vermessen wird /K4,S18,W3/. Diese Daten werden während des Verfahrens laufend zur Kontrolle der Werkzeugposition verwendet, so daß drohende Kollisionen schon vor ihrem Eintritt erkannt werden können. Allerdings sind diese Systeme auf sehr einfache Geometrien begrenzt und haben nur einen kleinen Überwachungsbereich.

2.2.2 Steuerungstechnische Lösungen

Steuerungstechnische Lösungen sind in der Regel sehr begrenzt. Viele Steuerungen bieten die Möglichkeit, Schutzzonen um Spannbacken und Reitstock zu legen. Die Steuerung berücksichtigt diese Barrieren, so daß sich gewisse Kollisionen vermeiden lassen. Allerdings sind diese Schutzmaßnahmen in ihrer Wirkung begrenzt, weil nur die Spitze des aktiven Werkzeuges berücksichtigt wird.

Für 4-Achsen-Drehmaschinen wird in /NN2/ ein Echtzeitkollisionsschutz angeboten, der einfache maschinenfeste Grenzkonturen festlegt und die Lage der zwei Schlitten zueinander überprüft. Kollisionen werden verhindert, indem die Vorschübe entsprechend verändert werden, sobald Kollisionen drohen. Nachteilig ist die grobe Darstellung. Es werden nur die im Eingriff befindlichen Werkzeuge berücksichtigt, während Spannfutter und Werkstück nicht mit einbezogen sind.

Eine Simulation von NC-Programmen in der Steuerung wird in /Z1,Z2/ vorgestellt: In Echtzeit können die Verfahrbewegungen der Werkzeuge

sowie die Aktualisierung des Werkstückes auf dem Bildschirm dargestellt werden. Einfache Kollisionen werden erkannt und gemeldet.
Hilfreich ist dieses System, um komplizierte ineinandergreifende
Werkzeugbewegungen bei der Programmerstellung zu überprüfen. Allerdings werden nur der unmittelbare Bereich um das Werkstück und nur
die im Eingriff befindlichen Werkzeuge berücksichtigt und im Falle
einer Kollision werden keine unmittelbaren Schutzmaßnahmen getroffen. Steuerungsfehler können mit diesen Systemen nicht erkannt und
auch der Einrichtebetrieb nicht simuliert werden.

2.2.3 <u>Erzeugung kollisionsfreier Teileprogramme</u>

Die Erzeugung kollisionsfreier Teileprogramme ist eine weitere
Möglichkeit, Kollisionsschäden zu reduzieren. In /H5,S12,S13,S14/
werden Simulationssysteme beschrieben, die in wesentlichen Teilen
mit /Z1/ übereinstimmen. Diese Systeme benötigen jedoch speziell
für diesen Zweck konstruierte Rechner /R1/.

Dieser Aufwand kann vermieden werden, indem auf Programmierplätzen
die generierten NC-Programme simuliert, graphisch dargestellt und
eventuell auf Kollisionen überprüft werden /H3,S15/. Diese Systeme
berücksichtigen aber nur die unmittelbare Werkstückumgebung, wobei
sie jedoch aufwendige Simulationsmodelle verwenden können /B1/,
weil sie keine Echtzeitanforderungen berücksichtigen müssen. Auch
auf der Basis von CAD/CAM-Systemen können direkt die erzeugten NC-
Programme auf Kollisionen überprüft werden /E3,H4,W4,W5/.

Alle Systeme, die auf der Basis von Simulationen funktionieren,
haben den Hauptnachteil gemeinsam, daß sie mit theoretisch angenommenen Werkzeugmaßen und Maschinenparametern arbeiten. NC-Programme
können dadurch nur prinzipiell kollisionsfrei erstellt werden, weil
diese Werte an der Maschine durchaus anders belegt sein können. Der
Einrichtebetrieb, der nach wie vor notwendig ist, muß daher mit
großer Sorgfalt durchgeführt werden, um dabei Kollisionen zu vermeiden.

2.3 Ansatz für ein umfassendes Kollisionsschutzsystem

Der Drehprozeß ist ein zweidimensionales Problem. Diese Tatsache erleichtert eine Echtzeit-Kollisionsüberwachung durch Simulation von Benutzereingaben mittels eines Rechenmodells und der Analyse dieser Ergebnisse. Die zweidimensionale Darstellung des gesamten Arbeitsraumes und der Bearbeitungsvorgänge kann durch relativ einfache mathematische Operationen simuliert werden /S10/, ohne daß dadurch der Funktionsumfang und die Sicherheit des Systems beeinträchtigt wird. Auch der Datenumfang ist nicht so umfangreich, wie er bei einer dreidimensionalen Darstellung des Bearbeitungsvorganges nötig wäre. Diese Tatsache legte es nahe, zuerst einen Kollisionsschutz für die 2-Achsen-Drehbearbeitung zu entwickeln und die Funktionsfähigkeit nachzuweisen. Aufbauend auf diesen Erkenntnissen kann in künftigen Arbeiten eine Erweiterung für die Mehrschnitt- und Fräsbearbeitung durchgeführt werden.

Die zweidimensionale Modellbildung macht es jedoch notwendig, durch geeignete Verfahren die dreidimensionalen, nicht rotationssymmetrischen Objekte der Maschine, wie zum Beispiel den Werkzeugschlitten mit den Nachbarwerkzeugen, auf geeignete Weise in die Betrachtungsebene abzubilden. Der Kollisionsschutzbaustein muß an Hand der ihm zur Verfügung stehenden Informationen über den Arbeitsraum und die auszuführenden Verfahrbefehle deren Kollisionsfreiheit durch Simulation der Maschinenaktionen und der anschließenden Analyse der Ergebnisse sicherstellen.

Zur zweidimensionalen Darstellung des Arbeitsraumes (Maschine, Spannfutter, Reitstock, Werkstück, Werkzeugschlitten mit allen Werkzeugen) eignet sich am besten die Definition der Grenzkonturen mittels Polygonzügen. Bei einer Kollision überlappen Teile der Polygonzüge. Dieser Zustand kann rechentechnisch leicht erkannt werden. Um eine Überlappung auch bei umfangreichen Konturen in Echtzeit mit einer kostengünstigen Hardware durchführen zu können, wird in 3 Stufen vorgegangen:

- Durchführung einer ersten Überprüfung, ob die Möglichkeit besteht, daß sich Konturen überlappen können.

- Falls diese Möglichkeit besteht, müssen alle Streckenzüge der
  betroffenen Konturen in Betracht gezogen werden, wobei auch
  hier zunächst eine grobe Selektion von gefährdeten Strecken
  stattfindet.

- Die wenigen sich möglicherweise überschneidenden Streckenpaare
  müssen genau überprüft werden.

Wird eine Kollision erkannt, so ist der auslösende Befehl vor
seiner Ausführung zu blockieren. Zusätzlich zu der Kollisionsüberprüfung ist eine Simulation der Werkstückbearbeitung nötig, um
immmer die aktuelle Werkstückkontur vorliegen zu haben. Nur so ist
eine möglichst genaue Kollisionsüberprüfung gerade im besonders
gefährdeten Werkstückbereich durchführbar. Für eine problemlose
Durchführung der Bearbeitungssimulation ist es zweckmäßig, eine
spezielle Schneidenkontur zu generieren.

Um auch Kollisionsschäden aufgrund von Fehlern der Steuerung oder
der Maschine wirksam vermeiden zu können, ist eine Überwachung der
Steuerung, der Antriebssysteme und der Meßsysteme nötig. Steuerungen sind in der Regel ohne Redundanz aufgebaut. Durch Erhöhung der
Redunanz in der Steuerung kann eine Verbesserung der Betriebssicherheit erreicht werden.

Dieses Grundprinzip soll als Basis für ein umfassendes Kollisionsschutzsystem dienen. Aus den Grundanforderungen in Verbindung mit
den Voraussetzungen, die sich aus der Anwendung dieses Modells
ergeben, läßt sich ein detaillierter Aufgabenkatalog für ein umfassendes Kollisionsschutzsystem erstellen /S17,P2/.

- Der Kollisionsschutz muß in allen Betriebsarten wirksam sein,
  insbesondere auch beim "Referenzpunktanfahren" und beim "Einrichten" /M3/, wobei in dieser Phase noch keine Lagemeßwerte
  bzw. programmierten Informationen über Werkzeugmaschinen- und
  Werkstückabmessungen in der Maschinensteuerung vorhanden sind.

- Es ist die gesamte Geometrie des Arbeitsraumes zu überwachen.
  Dazu gehören sämtliche Außenbegrenzungen, Inneneinbauten (Setz-

stöcke, Reitstock), Spannmittel, der komplette Schlittenaufbau mit Werkzeugwechsler, alle Werkzeuge und das Werkstück, da Kollisionen durchaus nicht nur zwischen dem aktiven Werkzeug und dem Futter vorkommen.

- Ein Überschreiten von technologischen Grenzwerten muß erkannt werden, weil auch eine falsche Drehrichtung, zu große oder zu kleine Drehzahlen, Zustellungen oder Vorschübe zu Kollisionen führen können.

- Der Kollisionsschutz muß immer aktiv sein. Er muß auch in kritischen Situationen zuverlässig arbeiten und darf keine fehlerhaften Kollisionsmeldungen abgeben, da er sonst inaktiviert werden muß, wenn es besonders gefährlich ist. Dies setzt voraus, daß die Geometrie ausreichend genau abgebildet wird. Zu ungenau beschriebene Konturen /W3/ führen möglicherweise zu fehlerhaften Kollisionsmeldungen.

- Fehlerhafte NC-Programme, Parameter oder unmittelbare Bedienereingaben müssen sicher erkannt werden. Zu diesem Zweck ist eine Echtzeitüberprüfung aller relevanten Verfahrdaten mit den aktuellen Parametern notwendig. Bei Off-Line-Simulationen von NC-Programmen sind die korrekten Parameter nicht sichergestellt.

- Die Maßeingaben für Werkzeuge und Werkstück durch den Einrichter sollen durch Sensoren verifiziert, bzw. auf Plausibilität überprüft (Redundanzerhöhung) oder automatisch erfaßt werden können.

- Der Eingabedialog mit dem Bediener muß so gestaltet werden, daß eine hohe Fehlerfreiheit bei der Eingabe erreicht werden kann. Wichtige Voraussetzung dafür ist ein minimaler Eingabeumfang und die Überprüfbarkeit der Eingaben durch den Bediener mittels grafischer Wiedergabe.

- Der Hardware-Aufbau ist so zu gestalten, daß der Kollisionsschutzbaustein Funktionsfehler der Steuerung erkennen kann und auf keinen Fall durch Steuerungsausfälle wirkungslos wird. Um die Funktionsfähigkeit der Steuerung und der Maschine überwachen zu können, muß der Zugriff auf Steuerungs- und Maschinendaten gegeben und ein zusätzliches, unabhängiges Meßsystem /S18/ möglich sein.

- Ein Online-Kollisionsschutz mittels Rechnermodell stellt hohe Anforderungen sowohl an den Datendurchsatz, als auch an die Speichergröße der Hardware, da alle Verfahranweisungen in Echtzeit auf Kollisionsfreiheit hin überprüft werden müssen. Ein Kollisionsschutzsystem ist allerdings nur dann sinnvoll, wenn die Kosten des Systems möglichst gering sind. Es muß somit ein Kompromiß zwischen einer möglichst exakten und vollständigen Betrachtungsweise und einer wirtschaftlichen Realisierung gefunden werden. Da gerade dieser Faktor für einen wirtschaftlich sinnvollen Kollisionsschutz von großer Bedeutung ist, muß er bei der Auswahl des Verfahrens mit berücksichtigt werden. Vereinfachungen und Einschränkungen, die nur eine sehr kleine Einbuße der Sicherheit bedingen, sind durchaus sinnvoll, wenn sie den Aufwand reduzieren und dadurch die Wirtschaftlichkeit steigern.

- Die verwendeten Algorithmen und Modelle, sowie die Programme selbst müssen ein hohes Maß an Sicherheit bieten. Aus diesem Grund soll die Programmierung in einer höheren gut strukturierten Programmiersprache erfolgen. Der Einsatz einer höheren Programmiersprache erlaubt zusätzlich eine wesentlich einfachere Portabilität des Programmes auf zukünftige leistungsfähigere Hardware. Die wesentlich kürzeren Entwicklungszeiten und die bessere Möglichkeit der Programmpflege sind zusätzliche Vorteile.

Die Anforderungen an das Kollisionsschutzsystem lassen sich sehr gut in zwei Aufgabenbereiche gliedern:

- Überwachung der geometrischen Funktionen, also der Bedienereingaben, der Teileprogramme, die Programmverwaltung und die Aufbereitung durch die Steuerung.

- Überwachung der maschinennahen Steuerungsfunktionen, der Antriebe und der Meßsysteme.

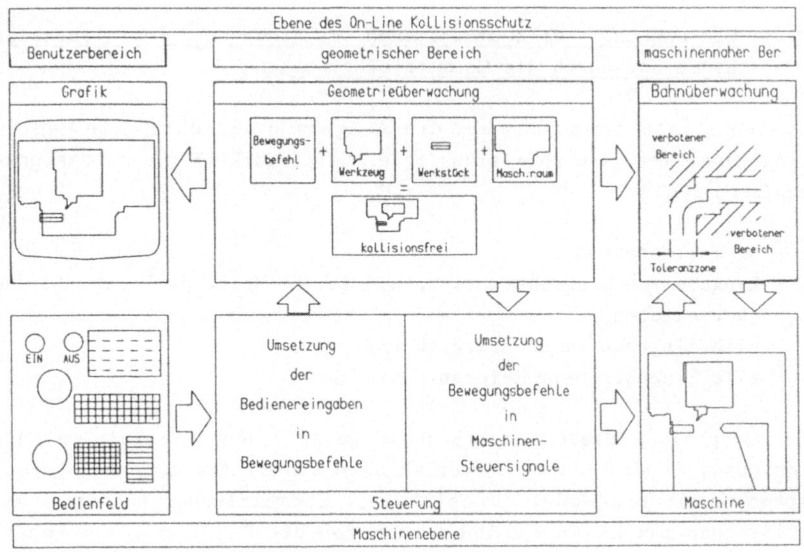

Bild 2.3 : Funktionsschema des Kollisionsschutzes.

Die maschinennahe Überwachung wird von dem Modul "Bahnüberwachung",
die der geometrischen Funktionen von dem Modul "Geometrieüberwachung" durchgeführt. Bild 2.3 zeigt das Zusammenspiel dieser zwei
Module in Verbindung mit der Steuerung. Es ist leicht zu sehen, daß
durch diese beiden Module eine nahezu lückenlose Überwachung möglich ist. Beide Module sind jedoch weitgehendst unabhängig voneinander betreibbar, so daß sie auch getrennt eingesetzt werden können, falls dies wirtschaftlich sinnvoll erscheint.

Beide Module werden zusätzlich in eine normale Steuerung inte-
griert, die dadurch in ihrem Aufbau redundant wird. Dies ist eine
erste praktische Implementierung eines fehlererkennenden, redundan-
ten Steuerungssystems. Durch diesen grundlegend neuen Ansatz können
Steuerungen entwickelt werden, die eine verbesserte Betriebssicherheit von Werkzeugmaschinen oder ganzen Fertigungsanlagen ermöglichen.

2.3.1 Überwachung der geometrischen Eingaben und Funktionen der Steuerung durch die Geometrieüberwachung

Die Geometrieüberwachung hat die Aufgabe, möglichst alle Bedienereingaben auf ihre kollisionsfreie Ausführbarkeit hin zu überprüfen. Dazu zählen

- NC-Teileprogramme,
- Eingabe von Einrichtewerten, wie zum Beispiel Werkzeugmaße und -korrekturen,
- alle Eingaben im Handbetrieb und
- alle Eingaben beim Referenzpunktfahren.

Die Überprüfung dieser weitgehendst geometrischen Funktionen läßt sich durch Simulation aller Verfahranweisungen mit dem oben geforderten Geometrie-Modul durchführen (Geometrieüberwachung), das Kollisionen mit Hilfe von Überlappungen der Polygonzüge erkennt. Die verifizierten Daten werden an die Bahnüberwachung zur Überwachung der Ausführung übergeben, so daß durch das Zusammenwirken beider Module ein lückenloser Kollisionsschutz entsteht, wie er schematisch in Bild 2.3 dargestellt ist.

2.3.2 Überwachung der maschinennahen Steuerungsfunktionen durch die Bahnüberwachung

Die Bahnüberwachung hat die Aufgabe, die Funktion von Maschine und Steuerung zu kontrollieren. Sie muß in der Lage sein, Abweichungen des Werkzeugschlittens von der programmierten Bahn rechtzeitig zu erkennen und die Maschine möglichst schnell in einen sicheren Betriebszustand zu versetzen. Es wird davon ausgegangen, daß die Verfahrbefehle kollisionsfrei sind, so daß nur die korrekte Ausführung dieser Befehle überwacht werden muß.

Fehler können auftreten durch den Ausfall von

- Meßsystemen,
- Antrieben und ihren Ansteuereinheiten,

- dem Interpolator als Bestandteil der Steuerung
- und von den Funktionseinheiten der Steuerung, die für die
  korrekte Umsetzung der Verfahrbefehle verantwortlich sind.

Durch eine redundante Überwachung der Steuerung mit einer Baugruppe, die sich in der Funktion von der der Steuerung unterscheidet, können auch steuerungsimmanente Fehler erkannt werden.

2.4 Beschreibung des Versuchsaufbaus

Um die Funktionsfähigkeit und das Zeitverhalten der Programme für den Kollisionsschutz testen zu können, ist es zweckmäßig, eine Testimplementation durchzuführen. Zu diesem Zweck standen zwei Versuchsaufbauten zur Verfügung:

- Drehmaschine vom Typ MD5S mit der Steuerung EPM-II der Firma
  Gildemeister (Bild 2.4);

- Simulator einer Drehmaschine, basierend auf der Steuerung EPM-II, der in den Funktionen, dem Aufbau und der Software in den wesentlichen Punkten mit der Steuerung der MD5S identisch ist (Bild 2.5);

Der Aufbau der Steuerung kommt der Implementierung des Kollisionsschutzes entgegen, da er auf dem MPST-Konzept /NN8,NN9/ basiert. Das MPST-Konzept (MehrProzessorSTeuersystem) sieht einen modularen Aufbau der Steuerung vor, der leicht um Hard- und Softwaremodule ergänzt werden kann. Die Leistungsfähigkeit der Steuerung kann auf diese Weise leicht den Anforderungen angepaßt werden. Analog diesem Grundgedanken wird das Kollisionsschutzsystem als ein Funktionsblock für die Steuerung angesehen, wobei bereits auf vorhandene Hardwarebausteine zurückgegriffen werden kann (Kapitel 3.2, 4.5).

Um die Drehmaschine nicht zu gefährden und weil der Simulator in einem Laborraum betrieben werden kann, ist es sinnvoll, die eigentliche Entwicklung am Simulator durchzuführen. Auch ist während des

Bild 2.4 : Drehmaschine vom Typ MD5S der Firma Gildemeister mit dem Ausgabeterminal für den Kollisionsschutz.

Bild 2.5 : Der MPST-Steuerungssimulator mit dem Entwicklungssystem zum Austesten des Kollisionsschutzsystemes.

Anpassungsvorganges der Steuerungssoftware und des Tests von Hard- und Software des Kollisionsschutzsystems die Funktion der Steuerung nicht sichergestellt. Es können dabei leicht Fehlfunktionen auftreten, die auf dem Simulator jedoch ungefährlich sind.

Nachdem das Kollisionsschutzsystem soweit ausgetestet ist, daß auf dem Simulator seine Funktionstüchtigkeit weitgehendst nachgewiesen ist und ein Fehlverhalten der Steuerung mit großer Sicherheit ausgeschlossen werden kann, wird das System auf der Drehmaschine implementiert. Dazu müssen die Änderungen der Simulatorsoftware auf die Software der Maschinensteuerung übertragen werden. Da die Software der Maschinensteuerung in den wesentlichen Punkten mit der des Simulators identisch ist und sich nur in Anpassungsprogrammen unterscheidet, die keinen Änderungen unterworfen werden müssen, kann dies relativ gefahrlos durchgeführt werden. Das Kollisionsschutzsystem selbst wird ohne Änderungen direkt in die Maschinensteuerung eingesetzt.

Der Test auf der Maschine ist notwendig, weil die Übereinstimmung der geometrischen Abbildung des Modells mit der realen Maschine überprüft werden muß. Die Bahnüberwachung kann nur auf der Maschine vollständig getestet werden, da sie von Eingaben des Wegmeßsystemes abhängig ist, die auf dem Simulator nicht genau genug nachgebildet werden können. Das in Kapitel 4.5 geforderte zweite und unabhängige Wegmeßsystem ist für einen Funktionstest nicht notwendig, da die Signale des bereits vorhandenen Meßsystems zur Verfügung stehen. Die eigentliche Funktion der Bahnüberwachung wird im Test dadurch nicht beeinträchtigt, denn ein zweites Meßsystem wird nur benötigt, um im Betrieb Fehlfunktionen des Hauptmeßsystems zu erkennen.

Zum Entwickeln und zum Testen der Hard- und Softwarekomponenten steht ein Entwicklungssystem der Firma Intel mit einem "In-Circuit-Emulator" (ICE) zur Verfügung. Auf diesem Entwicklungssystem können die Pascalprogramme komfortabel programmiert und verwaltet werden. Mit mit dem ICE, der anstelle des Mikroprozessors eingesetzt wird, kann die Hardware komfortabel getestet. Auch können die Programme einfach in das Zielsystem geladen werden und dort in Echtzeit in der realen Umgebung überprüft zu werden.

3 Geometrieüberwachung

Die in Kapitel 4 beschriebene Bahnüberwachung verifiziert die Ausführung der Befehle durch die Steuerung. Sie geht davon aus, daß diese Anweisungen einen kollisionsfreien Betrieb der Maschine ermöglichen. Fehlerhafte Befehle oder Programme müssen deshalb schon vor der Ausführung erkannt werden. Diese Aufgabe wird von der Geometrieüberwachung übernommen, die mit Hilfe eines Modells des gesamten Arbeitsraumes eine Simulation der geometrischen Verfahrbefehle in Echtzeit durchführt und so in der Lage ist, mögliche Kollisionen rechtzeitig zu erkennen.

3.1 Aufgabenstellung für die Geometrieüberwachung

3.1.1 Problematik der Kollisionserkennung mittels Rechenmodell

Bei einer Kollisionserkennung mittels eines Simulationsmodells treten folgende prinzipielle Schwierigkeiten auf:

- Das Simulationsmodell kann der realen Arbeitsraumgeometrie nur angenähert entsprechen.

- Die Arbeitsraumgeometrie unterliegt fortlaufenden Änderungen, die in das Modell übertragen werden müssen.

- Der Simulationsalgorithmus muß sowohl theoretisch, als auch in der praktischen Ausführung korrekt sein.

- Die Zeitanforderungen müssen eingehalten werden und zwingen zu Kompromissen zwischen optimaler Gestaltung des Modells und einfacher, schneller Durchführbarkeit der Kollisionsberechnungen.

Die Hauptaufgabe bestand nun darin, ein Modell und ein Simulationsverfahren zu entwickeln, die die reale Umgebung - in diesem Fall den gesamten Arbeitsraum der Maschine mit dem Schlitten, den

Werkzeugen, dem Werkstück und allen Baugruppen, die an einer Kollision beteiligt sein können - und alle Steuerungsvorgänge möglichst exakt wiedergeben. Es war jedoch sehr wichtig, ein möglichst einfaches Verfahren zu finden, damit sowohl der Simulationsalgorithmus als auch die Darstellung selbst fehlerfrei implementiert werden konnten, denn eine aufwendige Datenstruktur und komplizierte Simulationsverfahren sind schwer zu programmieren und können aus numerischen Gründen leicht instabil werden.

Die Tatsache, daß ein Modell immer etwas von der Realität abweicht, führt unter Umständen jedoch zu fehlerhaften Kollisionsmeldungen oder - noch schlimmer - zu unerkannten Kollisionen und kann damit das Kollisionsschutzsystem in Frage stellen. Um diese Unsicherheit möglichst gering zu halten, war eine genaue Analyse der Teilkonturen des Arbeitsraumes nötig, mit der die kritischen Elemente erkannt werden können. Invariante Konturen, z.B. der Maschinenraum, sind unproblematisch. Wesentlich kritischer stellt sich die Eingabe der korrekten Rohteilkontur oder der Werkzeuge dar. Dies geschieht sehr häufig vor Ort und wird von der Bedienperson selbst durchgeführt, wobei sich Fehler einschleichen können, wie z.B. die Eingabe falscher Werkzeugmaße oder falscher Werkzeugplätze. Durch ein benutzerfreundliches und leicht zu bedienendes Eingabeverfahren, das durch redundante Information unsinnige Eingaben erkennen und den Bediener darauf aufmerksam machen kann, läßt sich das Risiko vermindern, aber nicht beseitigen. Eine bessere, aber auch aufwendigere Lösung bietet der Einsatz von Sensoren (Kapitel 6.2).

3.1.2 Lösungsansatz für die Geometrieüberwachung

Zur Realisierung ließ sich der geometrische Kollisionsschutz, dessen Funktionsprinzip in Kapitel 2.3 gezeigt wurde, gut in folgende Module aufteilen /P2,S17/.

- Ein Kommunikationsmodul für die Eingabe aktueller Informationen durch den Bediener, wie die Rohteilabmessungen, die Belegung der Werkzeugspeicherplätze und die entsprechenden Werkzeugmaße und -korrekturen. Zur Kontrolle und für einen besseren Eingabekomfort ist es sinnvoll, auf eine gute graphische Ausgabe Wert zu legen. In diesem Modul muß auch eine übersichtliche Darstellung eventueller Kollisionsursachen verwirklicht werden, um die fehlerhaften Eingaben schnell und sicher lokalisieren zu können.

- Einen Geometriebaustein, der aus der Lage und der Form des Werkzeugwechselsystems, aller Werkzeuge, der Spannbacken, des Reitstockes und der Lünette die aktuelle Kontur generiert. Nach Abfrage der aktuellen Lage-Istwerte müssen die Positionen der beweglichen Geometriedaten zueinander richtig verschoben und in die Bearbeitungsebene geklappt werden, um für den zweidimensionalen Vorgang "Drehen" die dreidimensionale Maschinengeometrie voll in Betracht ziehen zu können.

- Ein Modul, zur Anpassung der Werkstückgeometrie an die momentane Bearbeitungssituation. Dieses Modul simuliert den Bearbeitungsvorgang. Die nötigen Informationen werden aus den Verfahrsätzen und der Form des im Eingriff befindlichen Werkzeuges ermittelt.

- Ein Programmodul zur Kommunikation mit der Steuerung. Der Zustand der Steuerung, die Position und Geschwindigkeit des Schlittens, das im Eingriff befindliche Werkzeug und die Verfahrdatensätze, die aus dem Teileprogramm generiert werden, müssen von der Steuerung übernommen werden. In Gegenrichtung müssen der Maschinensteuerung auch Stellgrößen, wie der Einlesestopp für neue Programmsätze und die Vorschubfreigabe für die Schlittenbewegung, übergeben werden. Der Datenaustausch darf weder die Steuerung noch den Kollisionsschutz zeitlich stark belasten.

- Ein Modul zur Kollisionsberechnung. Dieser Baustein hat in Echtzeit alle Konturelemente nach drohenden Kollisionen abzusuchen. Die Kollisionsrechnung ist neben der Bearbeitungssimulation der problematischste Teil des Gesamtprojekts, da von ihr verlangt wird, die Geometrieverarbeitung so schnell durchzuführen, daß die Maschine nicht auf den Kollisionsschutz warten muß.

3.1.3 <u>Betriebsarten von Maschine und Steuerung</u>

Die Steuerung kann verschiedene Betriebsarten einnehmen, in der die Geometrieüberwachung aktiv sein muß und die unterschiedliche Anforderungen an sie stellen. Dazu zählen:

- Automatik- und Einzelsatzbetrieb;
- Handbetrieb;
- Referenzpunkt anfahren.

Fehlerhafte Eingaben können auch in den Betriebsarten wie "Programmeingabe" oder "Parameter setzen" erfolgen. Allerdings werden hier noch keine Bewegungen ausgelöst, so daß keine Kollisionsgefahr in diesen Betriebsarten besteht. Wichtig ist, daß die endgültigen Programme oder Parameter korrekt sind, bevor sie in der Ausführungsphase zur Steuerung der Maschine verwendet werden. Die Eingaben werden daher erst während der Ausführung durch Simulation geprüft, wobei die unterschiedlichen Funktionen der einzelnen Betriebsarten von der Geometrieüberwachung entsprechend berücksichtigt werden müssen.

<u>Automatik- und Einzelsatzbetrieb</u>

Der Automatik- und der Einzelsatzbetrieb sind sich sehr ähnlich. Sie unterscheiden sich nur darin, daß im Einzelsatzbetrieb die Steuerung nach jedem NC-Satz die Programmausführung abbricht und neu gestartet werden muß. Dies ist vor allem in der Programmtestphase von großem Vorteil, da der Bediener den Programmablauf gut verfolgen kann. Für den Kollisionsschutz ist diese Betriebsart nur eine Untermenge des Automatikbetriebes mit geringeren zeitlichen Anforderungen, so daß sie nicht gesondert behandelt werden muß.

Im Automatikbetrieb werden alle Verfahrbefehle aus einem NC-Programm abgeleitet, wobei jede Funktion der Maschine in dieser Betriebsart ausgelöst werden kann. Die einzelnen NC-Sätze folgen unmittelbar aufeinander, so daß die Geometrieüberwachung die Überprüfung der einzelnen Verfahrbewegungen schnell ausführen muß, damit die Drehbearbeitung ohne Unterbrechung erfolgen kann. Es ist wichtig, den Ablauf eines NC-Programmes ohne Unterbrechungen zu ermöglichen, um kurze NC-Programmzeiten und um die gewünschte Oberflächengüte zu erreichen. Diese Zeitbedingung stellt eine hohe Anforderungen an den Kollisionsschutz, da pro Überwachungszyklus die Aktualisierung der Werkstückkontur, die Abbildung des dreidimensionalen Werkzeugschlittens mit den Nachbarwerkzeugen und die Kollisionsüberprüfung selbst erfolgen müssen.

In der Betriebsart "Automatikbetrieb" können prinzipiell folgende Kollisionsursachen auftreten, die erkannt werden müssen:

- Bearbeitung des Werkstückes im Eilgang oder mit zu hoher Vorschubgeschwindigkeit;
- Bearbeitung mit zu großer Zustellung;
- Bearbeitung mit zu hoher oder mit zu niedriger Drehzahl oder mit falscher Drehrichtung;
- falsche Werkzeuge, Werkzeugmaße und -korrekturen;
- falsche Nullpunktverschiebungen;
- Programmierung falscher Zielpunkte oder falscher Bahnen;
- Programmierung falscher Werkzeugwechselpunkte, die kein kollisionsfreies Schwenken der Werkzeugwechseleinrichtung erlauben.

Die ersten drei Kollisionsursachen sind hauptsächlich technologischer Natur. Die Aufgabe des Kollisionsschutzes ist jedoch nicht die Verifizierung von optimalen Schnittbedingungen. Für den Kollisionsschutz genügt die Überprüfung, ob die maximal zulässigen Grenzwerte eingehalten werden, da eine allgemein gültige Technologiebetrachtung viel zu aufwendig ist /S8,NN16/.

Die vier Kollisionsursachen, die auf geometrische Fehler zurückzuführen sind, erfordern dagegen eine relativ aufwendige Simulation der Verfahrbewegung. Zuerst muß überprüft werden, ob die programmierte Bahn eine kollisionsfreie Bewegung des Schlittens erlaubt. Es sind dabei folgende 2 Bahnformen zu beachten:

- lineare Bahn;
- Kreisbahn.

Zusätzlich müssen Formänderungen des Werkstückes aufgrund der Bearbeitung in Echtzeit berücksichtigt und das interne Modell entsprechend korrigiert werden.

Handbetrieb

Im Handbetrieb können alle Funktionen wie im Automatikbetrieb ausgeführt werden. Allerdings sind komplizierte Bahnen, wie die Kreisbahn nicht verfahrbar. Im Automatikbetrieb liegt die vollständige Verfahrinformation schon vor der Ausführung vor, im Handbetrieb dagegen sind nur der Startpunkt und zum Teil die Richtung bekannt. Dieser Umstand erfordert ein etwas anderes Überwachungsprinzip als für den Automatikbetrieb. Ansonsten kommen die gleichen Verfahren zur Anwendung wie im Automatikbetrieb /P4/.

Referenzpunktfahren

Nach dem Einschalten der Maschine und vor dem ersten Verfahrbefehl muß der Referenzpunkt angefahren werden, damit das Meßsystem initialisiert wird. Die Betriebsart "Referenzpunktfahren" kann auch sonst jederzeit gestartet werden, wobei die Geometrieüberwachung vor dem Start überprüfen muß, ob keine Hindernisse den kollisionsfreien Ablauf stören. Erst wenn dies sichergestellt ist, darf diese Funktion ausgeführt werden.

Die Hauptschwierigkeit dieser Betriebsart besteht allerdings darin, daß nach dem Einschalten die Schlittenposition theoretisch unbekannt ist. In der Praxis zeigt sich jedoch, daß sich diese Position nach dem Ausschalten der Maschine selten ändert und daß die Geometrieüberwachung von der letzten Position vor dem Ausschalten ausgehen kann. Deshalb muß sie auch in der Lage sein, die geometrischen Positionen über längere Zeit im ausgeschalteten Zustand im Speicher zu halten.

3.2 <u>Anforderungen an die Hardware</u>

Aus der Aufgabenstellung von Kapitel 3.1 lassen sich folgende Anforderungen an die Hardware der Geometrieüberwachung stellen:

- ausreichende Rechnerleistung vor allem im arithmetischen Bereich;

- genügend Speicher, da die interne Darstellung des Arbeitsraumes mit allen kollisionsgefährdeten Teilen speicherintensiv ist;

- der Prozessor muß sich für die Programmierung mit Hochsprachen eignen;

- eine Notstromversorgung der Speicher zum Erhalt der Daten auch im ausgeschalteten Zustand;

- geeignete Schnittstelle zum Bediener zur Darstellung der Kollisionssituation und zur Diagnose;

- geeignete Schnittstelle zur CNC-Steuerung für den Datentransfer und zur Synchronisation;

- zuverlässiger Aufbau.

Die ersten 3 Anforderungen schließen den Einsatz eines 8-Bit Prozessors von Anfang an aus, da z.B. für die interne Darstellung aller kollisionsgefährdeten Konturen, wie des Maschinenraums, des Werkzeuges und des Werkstückes (Kapitel 3.3) mindestens 64 Kbyte RAM-Speicher benötigt werden. Das Programm selbst, das in Pascal geschrieben wurde, benötigt zusätzlich eine Speichergröße von ca. 90 Kbyte ROM. Die gute Verfügbarkeit und Unterstützung durch Zusatzbausteine und Software sprechen für den Einsatz des "8086", der auch für die Programmierung in Hochsprachen gut geeignet ist. Des weiteren stellt die Verfügbarkeit des sehr schnellen Arithmetik-Coprozessors "8087" das Hauptargument dar /D2/. Versuche haben ergeben, daß der "8087" im Vergleich zur reinen Softwarelösung der

Arithmetik die Programmlaufzeit in dem speziellen Fall des Kollisionsschutzsystems um den Faktor 70 verkürzt. Bei gleichem Prozessortakt werden für einen Testdurchlauf mit dem "8087" 0.57 Sekunden gegenüber ca. 40 Sekunden benötigt.

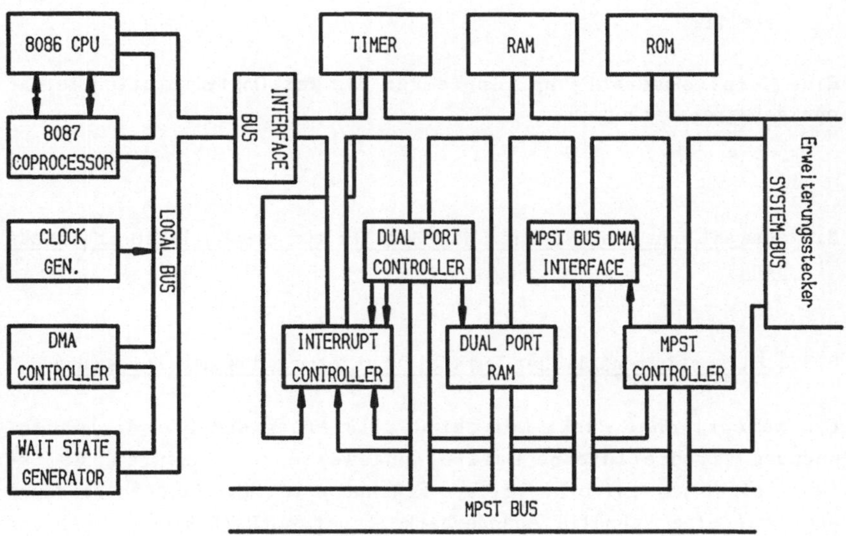

Bild 3.1 : Blockschaltbild der 8086-Platine von BBC /NN18/.

Die obengenannten Gründe sprechen für den Einsatz einer "8086-Platine" von BBC /NN18,NN19/, die auch für die Bahnüberwachung verwendet wurde. Das Funktionsschema der Platine ist in Bild 3.1 zu sehen, die folgende Eigenschaften hat:

- Einsatz des "8086" mit der Möglichkeit, den Coprozessor "8087" zu verwenden;

- bis zu 4K-Byte Übergabespeicher, auf den sowohl von der MPST-Busseite als auch vom lokalen Bus aus zugegriffen werden kann (Dual-Port-Memory);

- Direktzugriff auf den MPST Steuerungs-Bus;

- über eine Steckerleiste herausgeführter lokaler Bus für den Anschluß von Speichererweiterungen und Zusatzplatinen für I/O-Schnittstellen;

- die Zuverlässigkeit ist durch Tests (Burn In) sichergestellt.

Eine Notstromversorgung konnte für die Testimplementation leicht nachgerüstet werden.

3.3 Auswahl und Beschreibung des Modells für die Kollisionsbetrachtung

3.3.1 Diskussion möglicher Darstellungsformen des Arbeitsraumes

Ein wesentlicher Punkt bei der Realisierung der Geometrieüberwachung ist die interne Darstellungsweise der Konturen. Es ist dabei nicht nur auf eine leichte Erkennung von Kollisionen, sondern auch auf eine schnelle Abänderbarkeit der Werkstückkontur während der Bearbeitung zu achten, die umfangreichen Formänderungen unterworfen ist. Um ein geeignetes Modell zu finden, werden folgende drei Darstellungsarten untersucht:

- Polygonzüge;
- Punkteraster;
- Schichten- oder Säulenmodell.

Polygonzüge:

Die Darstellung der Geometrie mittels Polygonzügen erfordert sehr wenig Speicherplatz. Da nur Eckpunkte - die Verbindungsgeraden der Punkte bilden den geschlossenen Polygonzug - abgespeichert werden, ist der Speicherplatzbedarf von der Größe des darzustellenden Objektes unabhängig. Aus diesem Grunde ist dieses Verfahren für Maschinen mit großem und mit kleinem Arbeitsraum gleich gut verwendbar. Die Anzahl der Punkte ist lediglich von der Komplexität des Teiles und damit von der Detailtreue der Darstellung abhängig. Man kann also stark kollisionsgefährdete Teile, wie zum Beispiel das im Eingriff befindliche Werkzeug, sehr genau wiedergeben, während weniger kritische Bereiche, wie die Nachbarwerkzeuge, relativ grob ausgeführt werden können. Auch Kreiskonturen können vereinfacht mittels Polygonalisierung leicht in der gewünschten Genauigkeit nachgebildet werden. In Bild 3.2 wird das Modell der MD5S von Gildemeister gezeigt. Eine Kollision kann mit diesem Modell erkannt werden, indem man die Polygonzüge auf eine Überschneidung hin überprüft. Die Simulation der Werkstückbearbeitung kann leicht durch Umsetzen der Polygonpunkte der Werkstückkontur erreicht werden.

Wegen dieser Flexibilität wird diese Darstellungsform in sehr vielen Graphiksystemen angewandt. Die weite Verbreitung bietet den zusätzlichen Vorteil, daß laufend an der Entwicklung und Verbesserung von Verfahren zur Behandlung von Polygonzügen gearbeitet wird, auf die zurückgegriffen werden kann. Diese Eigenschaften machen die Darstellungsweise mittels Polygonzügen besonders geeignet, die daher für die Kollisionsüberwachung verwendet wird. Zwei alternative Darstellungsweisen, die für diese Anwendung nicht so gut geeignet sind, werden noch anschließend gezeigt.

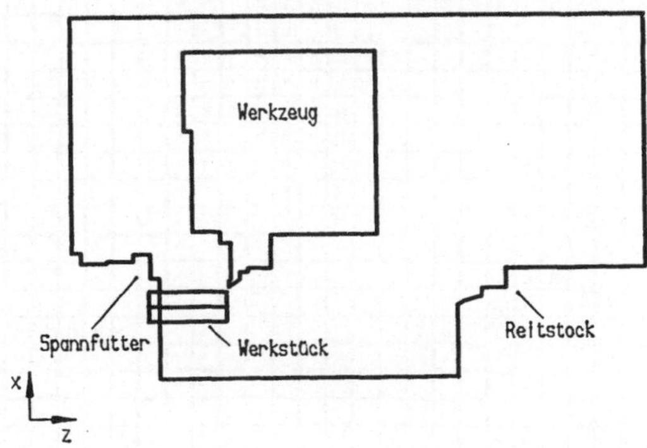

Bild 3.2 : Darstellung der Maschinenkontur der MD5S von Gildemeister mittels Polygonzügen.

Punkteraster:

Die Darstellung erfolgt so, daß die betrachtete Ebene in eine
Matrix kleiner endlicher Elemente aufgeteilt wird. Die Maschinenteile und das Werkstück werden durch ein Bitmuster gekennzeichnet.
2 Bit reichen aus, um die 4 Bereiche

- Leerraum,
- Maschinenteile (M),
- Schneide (X) und
- bearbeitbares Werkstück (O)

entsprechend zu kennzeichnen (Bild 3.3). Treten Überlappungen
auf, so muß geprüft werden, ob sie zulässig sind, wie im Fall von
Schneide und Werkstück, oder zu Kollisionen führen, wie beispielsweise bei der Überschneidung des Schlittens mit einem Maschinen-
teil. Ist sie unzulässig, entspricht dies einer Kollision und entsprechende Maßnahmen werden eingeleitet. Tritt eine Überlappung von
Schneide und Werkstück während der Bearbeitung auf, muß die Flä-
chenform des Werkstücks durch Löschen der entsprechenden Punkte geändert werden. Die Firma Philips /NN17/ setzt dieses Modell für die
Simulation von Dreh- und Fräsoperationen in ihren Steuerungen ein.

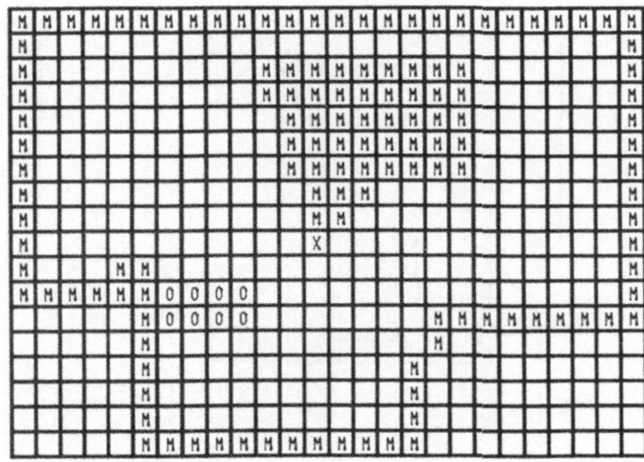

Bild 3.3 : Darstellung von Maschine, Werkzeugschlitten und Werkstück mittels Punkteraster.

Der Vorteil des Punterasters ist die gute Überschaubarkeit der
Konturen und die leichte und schnelle Handhabbarkeit bei kleinen
Systemen. Soll allerdings der gesamte Arbeitsraum einer größeren
Drehmaschine dargestellt werden, so steigt der gesamte Speicherum-
fang stark an. Mit der großen Datenmenge sinkt auch die Bearbei-
tungsgeschwindigkeit. Ein Rechenbeispiel soll den Speicheraufwand
verdeutlichen:

Länge des gesamten Arbeitsraumes	:	1300 mm;
Breite des gesamten Arbeitsraumes	:	1000 mm;
darzustellende Fläche	:	1300000 mm^2;
benötigter Speicher (1Punkt/mm^2)	:	325 K-Byte.

Die Speichergröße allein zur Darstellung der Maschinengeometrie
läßt dieses Modell als ungeeignet erscheinen.

Schichten- und Säulenmodell:

Die Darstellungsweise in Schichten oder Säulen ist die zweidimensionale Variante des Scheibenmodells in /NN11/. Der Unterschied
zwischen einem Schichten- und einem Säulenmodell ist die Ausrichtung der Balken (Bild 3.4). Bei einem Schichtenmodell erfolgt die
Ausrichtung in horizontaler, beim Säulenmodell in vertikaler Richtung. Die praktischen Unterschiede sind so minimal, daß hier nur
das Schichtenmodell behandelt wird. Bild 3.5 zeigt die Konturdar-
stellung der Maschine ohne Werkzeugschlitten und Werkstück mittels
eines Schichtenmodells.

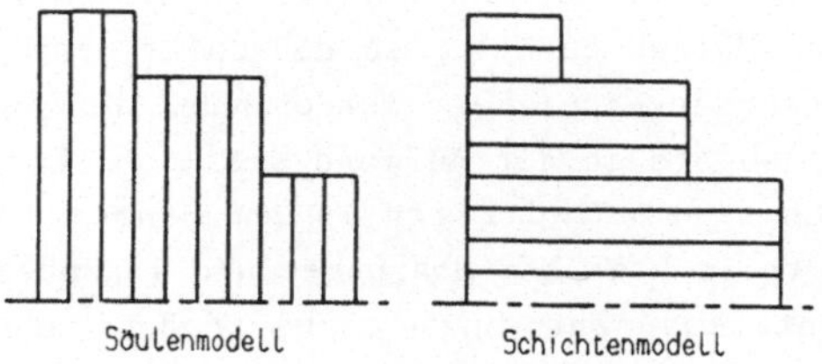

Bild 3.4 : Unterschied zwischen Säulenmodell und Schichtenmodell.

Der Arbeitsraum der Maschine wird hier nicht wie beim Punkterastermodell in ein Raster aufgeteilt, sondern in mehrere Schichten. Zu
jeder Schicht werden die Länge und Lage des verbotenen Bereiches
abgespeichert, der im Bild 3.5 der Länge der Balken entspricht.
Kollisionen werden analog zum Punkterastermodell durch eine Überlappung der Balken erkannt. Durch die wesentlich geringere Datenmenge (bei gleichgroßem Arbeitsraum mit gleicher Auflösung ergibt
sich ein Speicherbedarf von ca. 10 kByte) ist dieses Modell wesentlich leichter handzuhaben und die Programmlaufzeiten werden
dadurch kürzer.

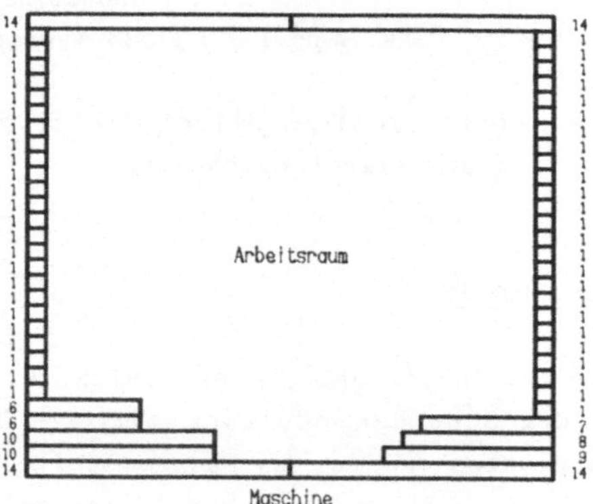

Bild 3.5 : Schema der Darstellung der Maschinenkonturen mittels
eines Schichtenmodells.

Ein Problem dieses Modells stellen Bearbeitungsvorgänge dar, wie
zum Beispiel das Drehen eines Einstiches. In diesem Fall wird eine
gewisse Anzahl von Balken geteilt, so daß dafür eine Menge zusätzlicher Informationen abgespeichert werden muß. Werden mehrere Ein-
stiche gefertigt, so steigt der Aufwand stark an. Das Säulenmodell
unterscheidet sich hierin lediglich in der Bearbeitungsrichtung.
Dasselbe Problem tritt hier bei Bohrungen und Innenbearbeitung auf.
Dieser Schwachpunkt kann nur durch einen großen zusätzlichen Ver-
waltungsaufwand abgefangen werden.

3.3.2 Darstellung des Maschinenraumes

Die Maschinenraumkontur setzt sich aus einem geschlossenen Polygonzug zusammen, der aus mehreren Konturelementen besteht:

- Maschinenraum;
- Spannfutter mit Spannbacken;
- Reitstock mit Reitstockspitze.

Der Maschinenraum stellt die am wenigsten kritische Geometrie des
Arbeitsraumes dar, da er eine fest vorgegebene, genau definierte
Form hat. Die Geometriewerte können bereits vom Hersteller aufgrund
der Konstruktionsdaten fest installiert werden.

Auch die Form des Reitstockes ist vom Maschinenhersteller genau
definiert, so daß nur seine Lage und die Reitstockspitze variabel
sind. Bei vielen Maschinen hat der Reitstock keinen eigenen Antrieb und kein eigenes Meßsystem, sondern wird vom Werkzeugschlitten an die gewünschte Position geschleppt. Aus diesem Grunde ist
die Bestimmung der Reitstockposition nicht direkt möglich. Man kann
sie in diesem Fall allerdings indirekt über das Meßsystem des
Schlittens bestimmen, da während des Schleppvorganges eine feste
Zuordnung "Reitstock - Werkzeugschlitten" besteht. Die Position der
ausgefahrenen Reitstockspitze kann jedoch erst ermittelt werden,
wenn Form und Einspannlage des Werkstückes bekannt sind. Aus diesen
Daten können dann der Anschlagpunkt und der Verschiebevektor für
die Reitstockspitze errechnet werden (Bild 3.6).

Bei den meisten Drehmaschinen kann die Reitstockspitze ausgewech-
selt werden. Um die verschiedenen Spitzenformen handhaben zu können, werden sie in einer Datei (siehe Kapitel 3.8.4) bereitgestellt, die je nach Bedarf um weitere Formen ergänzt werden kann.

Auch ein möglicher Wechsel des Spannfutters muß berücksichtigt
werden. Dies trifft noch mehr für die Spannbacken zu, die einerseits häufig gewechselt werden und zum anderen je nach Durchmesser
des eingespannten Teiles eine unterschiedliche Lage einnehmen. Die
Verwaltung der unterschiedlichen Formen erfolgt nach demselben

Schema, wie für die Reitstockspitzen. Die Lage der Spannbacken kann erst ermittelt werden, wenn die Rohteilabmessungen und die Einspannlage bekannt sind. Der Einspannpunkt des Werkstückpolygons bestimmt den Spanndurchmesser, der für die entsprechende Verschiebung der Spannbacken in X-Richtung maßgebend ist. In Bild 3.7 werden unterschiediche Spannbackenformen und die Lage bezüglich des Rohteils gezeigt.

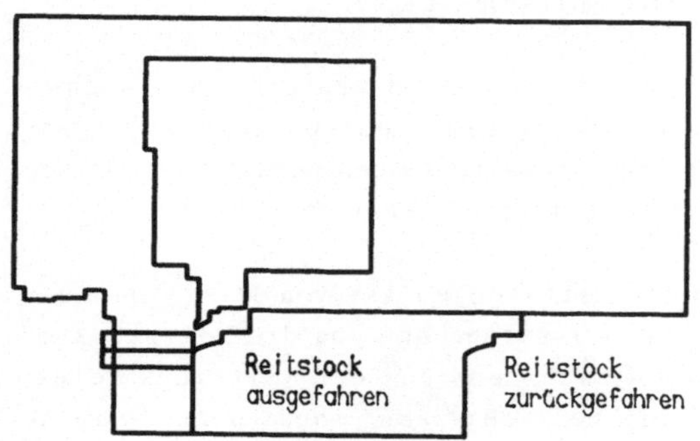

Bild 3.6 : Der Reitstock zurückgefahren und ausgefahren.

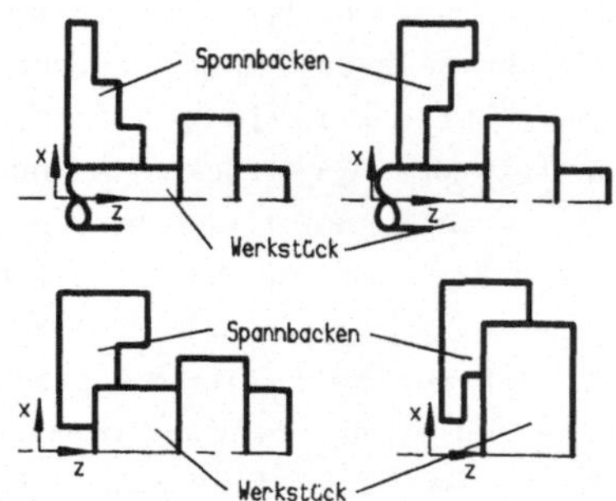

Bild 3.7 : Unterschiedliche Spannbacken mit Werkstück

3.3.3 Darstellung des Werkstückes

Die Kontur des Werkstückes ist von außerordentlich großer Bedeutung. Es finden häufig Kollisionen zwischen Werkzeug und Werkstück

statt, da in diesem Bereich auf engstem Raum sehr viele Werkzeugbewegungen zum Teil mit Eilganggeschwindigkeiten ausgeführt werden.
Die Darstellung des Werkstückes muß auch eine einfache Aktualisierung der Kontur erlauben.

Das Werkstück kann wegen der Drehbewegung vollkommen rotationssymmetrisch dargestellt werden, auch wenn dies für die reale Form
nicht immer zutrifft. Maßgebend für den entsprechenden Durchmesser
ist dann der Flugkreis des äußersten Punktes (Bild 3.8). Wegen
der Symmetrie muß nur eine Hälfte gespeichert werden. Die zweite
Hälfte kann durch Spiegelung an der Drehachse erzeugt werden,
wodurch der Speicheraufwand reduziert wird. Ein weiterer Vorteil
ist, daß bei der Aktualisierung der Werkstückkontur nicht beide
Hälften geändert werden müssen, was sich auf die Rechengeschwindig-
keit positiv auswirkt. Die Kollisionsüberprüfung jedoch muß auch
die gespiegelte Hälfte testen, während es für die Modellierung des
Werkstückes genügt, die obere Hälfte der Kontur zu definieren.

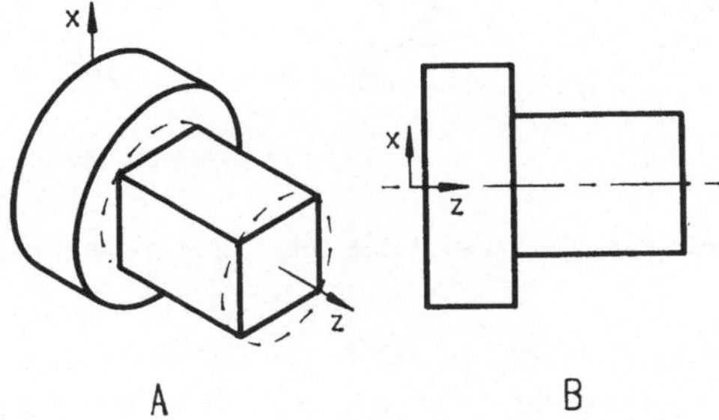

Bild 3.8 : Reales, nicht rotationssymmetrisches Werkstück (A) und
die Darstellung im Kollisionsschutzsystem (B).

3.3.4 Darstellung der bewegten Schlittenkontur mit den Werkzeugen

Um der großen Formvielfalt der Werkzeuge und der gleichzeitigen
Verwendung mehrerer Werkzeuge innerhalb eines NC-Programms gerecht
zu werden, muß eine geeignete Darstellungsform gefunden werden.
Moderne Drehmaschinen stellen mehrere Werkzeuge zur Verfügung, die
häufig in einem Revolverspeicher abgelegt sind, der sich auf einem

verfahrbaren Werkzeugschlitten befindet. Dabei kommen hauptsächlich Bauformen zum Einsatz, die als Trommel-, Kronen- und Sternrevolver bezeichnet werden und die jeweils eine unterschiedliche Abbildung der Werkzeuge und der Nachbarwerkzeuge in die Bearbeitungsebene erfordern.

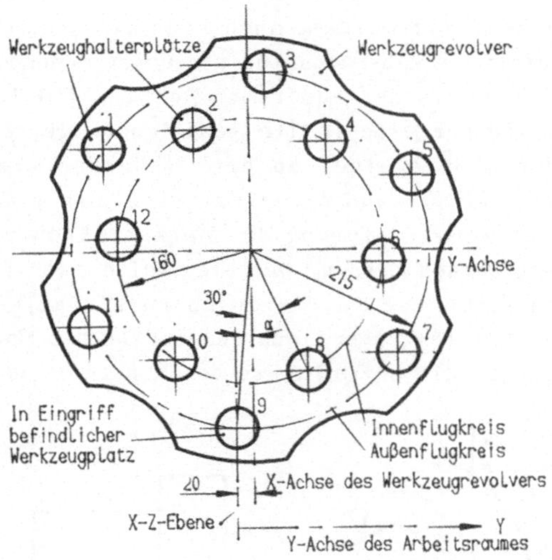

Bild 3.9 : Trommelrevolver der MD5S mit 12 Werkzeugplätzen /NN1/.

Am Beispiel der Drehmaschine MD5S von Gildemeister, die für die Testinstallation verwendet wurde, soll eine Werkzeugdarstellung gezeigt werden. Die MD5S besitzt einen Trommelrevolver mit 12 Werkzeugplätzen (Bild 3.9). Das hier dargestellte Verfahren für die Werkzeugdarstellung kann sinngemäß auch auf andere Bauformen angewendet werden.

Für einen umfangreichen Kollisionsschutz muß nicht nur das im Eingriff befindliche Werkzeug berücksichtigt werden, sondern auch die Nachbarwerkzeuge, die allerdings nicht so genau dargestellt werden müssen. Die Nachbarwerkzeuge liegen jedoch nicht in der Bearbeitungsebene (Bild 3.10), so daß sie erst in sie abgebildet werden müssen. Dies geschieht durch eine Drehung des Nachbarwerkzeuges um die Werkstückdrehachse, wobei die genauen Winkel für jeden Werkzeugspeicherplatz neu ermittelt werden müssen. Dieser Vorgang wird für jeden Nachbarwerkzeugplatz durchgeführt. Es muß dabei unterschieden werden, ob der entsprechende Werkzeugplatz mit einem Innen- oder Außenbearbeitungswerkzeug besetzt ist, da die unterschiedlichen Bauformen dieser Werkzeugtypen berücksichtigt werden müssen. Die Innenbearbeitungswerkzeuge kragen weit aus, werden jedoch näherungsweise rotationssymmetrisch dargestellt (Bild 3.11). Die Außenbearbeitungswerkzeuge sind dagegen kompakt aufgebaut, so daß sie vereinfacht wie Quader behandelt werden können (Bild 3.11). Die Abmessung der Außenwerkzeuge in Z-Richtung ist dabei konstant, während die X-Abmessung nach dem Abbildungsvorgang von der Form dieses Werkzeuges in der XY-Ansicht und dem Radius des Schwenkkreises abhängig ist (Bild 3.10).

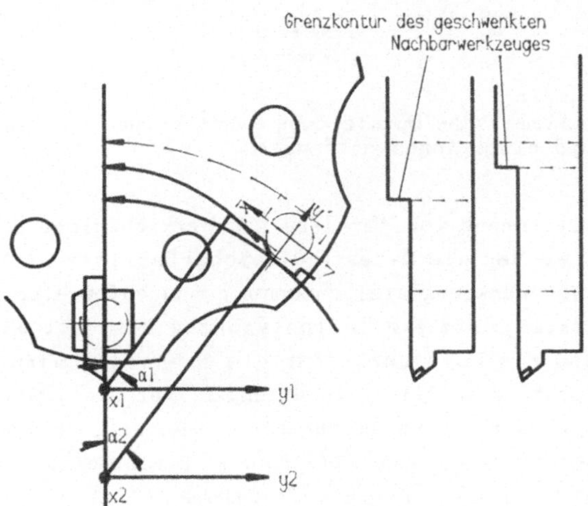

Bild 3.10: Abbildung der Nachbarwerkzeuge mit den entsprechenden Drehwinkeln.

Die beste Darstellungsart für die Werkzeuge ist die Definition der Begrenzungskontur durch einen Polygonzug, die einer zweidimensionalen Projektion des Werkzeuges entspricht. Die überflüssigen Punkte innerhalb des Konturzuges werden nicht dargestellt, so daß man als

Ergebnis einen Schattenriß erhält. Für die Innenbearbeitungswerkzeuge genügt die Darstellung als Schattenriß in der XZ-Ebene, während für die Außenbearbeitungswerkzeuge zusätzlich noch die Projektion in der XY-Ebene notwendig ist.

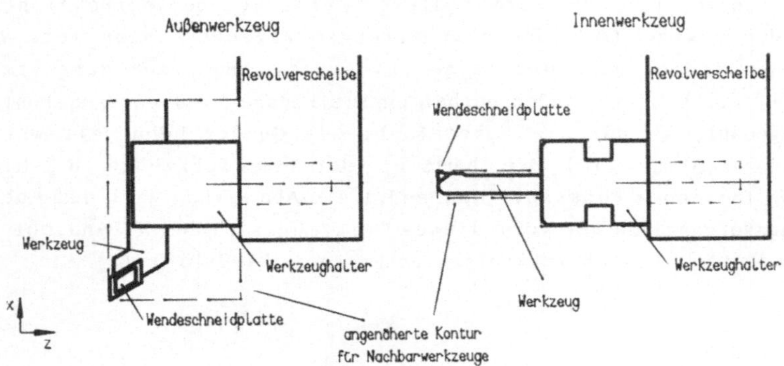

Bild 3.11: Schematische Darstellung eines kompakten Außenwerkzeuges und eines Innenwerkzeuges.

Nachdem die Zuordnung von Werkzeug und Werkzeugplatz des Revolvers bekannt ist, werden die Daten (die Schattenrisse in XZ- und XY-Ebene) aus der Werkzeugdatei entnommen und aufbereitet. Dabei ist für jeden Werkzeugplatz ein Teilpolygonzug des dort eingesetzten Werkzeuges und ein Polygonzug für die Schneidenkontur (Kapitel 3.3.7) möglichst detailliert zu erzeugen. Für die jeweiligen Nachbarwerkzeuge werden die Parameter für die Rotation (Schwenkwinkel, relativer Radius; siehe auch Bild 3.10) errechnet und die aus der Werkzeugdatei benötigten Konturen entnommen. Nachbarwerkzeuge, die aufgrund ihrer Abmessungen von Nachbarwerkzeugen abgedeckt werden, die näher an der Drehachse liegen, sind aus Speicherplatz- und Rechenzeitgründen wegzulassen.

In Bild 3.12 ist die Datenstruktur schematisch dargestellt. Über ein Array mit 12 Plätzen, die den 12 Revolverstellungen entsprechen, werden die jeweils benötigten Daten aufgerufen. Für jeden Werkzeugspeicherplatz existiert je eine Tabelle mit den Daten für

das im Eingriff befindliche, exakt darzustellende Werkzeug und mit
den Daten für die Schneidenform sowie eine Tabelle mit den angenä-
herten Daten der sichtbaren, nicht abgedeckten Nachbarwerkzeuge.

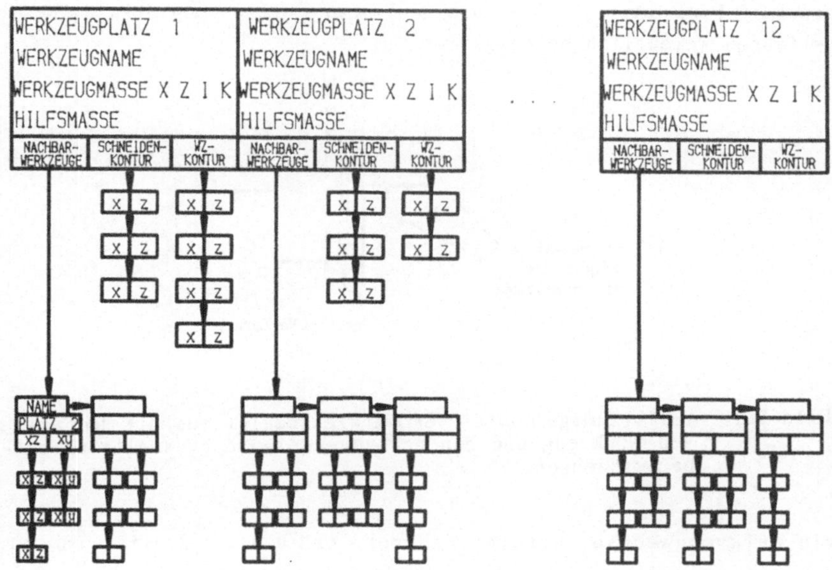

Bild 3.12: Interne Datenstruktur für die Darstellung der 12 Werkzeugplätze mit den Nachbarwerkzeugen.

Die endgültige Erzeugung der Schlittenkontur, die sich aus den drei
Teilpolygonen "Schlitten", "im Eingriff befindliches Werkzeug" und
"Nachbarwerkzeuge" zusammensetzt, kann erst nach Kenntnis des ein-
geschwenkten Werkzeugplatzes und der X-Position des Schlittens
erfolgen, da diese Koordinate für die Bestimmung der Schwenkradien
der Nachbarwerkzeuge benötigt wird. Aus diesem Grund muß der Teil
des Polygonzuges, der die Nachbarwerkzeuge darstellt, nach jeder
Schlittenbewegung neu bestimmt werden. Da für die Kollisionserkennung nur die dem Werkstück zugewandte Seite der Nachbarwerkzeuge
von Bedeutung ist, wird nur sie zur Konturbildung verwendet.
Ausgegangen wird von dem nächstliegenden Nachbarwerkzeug, wobei

seine minimale Abmessung in Z-Richtung solange bestimmend bleibt,
bis ein weiteres Nachbarwerkzeug darüber hinausragt. Das Ergebnis
ist eine stufenförmige Kontur (Bild 3.13). Durch umfangreiche,
vorbereitende Berechnungen schon in der Aufbereitungsphase vor
einem NC-Programmstart wird die Bestimmung dieses Konturzuges beim
Verfahren wesentlich beschleunigt.

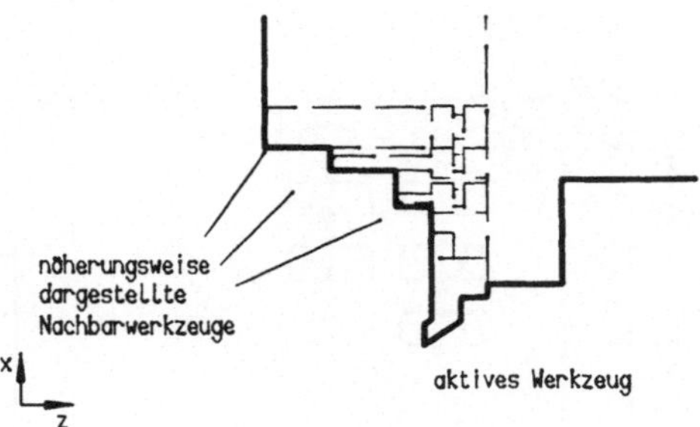

Bild 3.13: Vollständige Kontur des Werkzeugschlittens mit dem aktiven Werkzeug und den näherungsweise dargestellten Nachbarwerkzeugen.

Ein Werkzeugwechsel erfolgt dadurch, daß aus der Schlittenkontur
und den vorbereiteten Daten und Teilpolygonzügen für den Werkzeugplatz die vollständige Schlittenkontur zusammengesetzt wird.

3.3.5 Berücksichtigung des Verfahrweges des Werkzeugschlittens

Einen großen Einfluß auf das Zeitverhalten der Geometrieüberwachung
hat der Zeitraum zwischen 2 Überwachungsvorgängen. Er bestimmt im
wesentlichen die Weglänge des Verfahrweges. Als zweckmäßig hat sich
erwiesen, als Überwachungsintervall nicht einen absoluten Zeitraum
zu verwenden, sondern den Zeitabschnitt, der sich aus der Dauer
eines NC-Satzes ergibt. Dies hat den Vorteil, daß die Überwa-
chungsabschnitte klar definiert sind. In den meisten Fällen sind
diese Zeitabschnitte länger als die Überprüfungszeit, die vor der
Durchführung stattfindet. Kurze Verfahrsätze, die für den Kollisionsschutz zu schnell sind, kann man durch eine zeitliche Entkop-

pelung der Überwachung vom Fertigungsprozeß mittels Pufferspeicher (FIFO) abfangen, weil in nahezu allen Fällen die mittlere NC-Satzdauer länger ist, als die Überprüfungszeit. Bei NC-Programmen mit sehr vielen kurzen NC-Sätzen, wo diese Annahme nicht zutrifft, muß allerdings die Maschine kurz angehalten werden, was aber im Einrichtebetrieb, in dem besonders häufig Kollisionen auftreten, durchaus akzeptabel ist.

Für die Überprüfung auf Kollisionsfreiheit muß der NC-Satz in 3 Abschnitte zerlegt werden:

- die Startposition;
- die Zielposition;
- den Verfahrweg.

Da die Startposition die Zielposition des vorhergehenden Verfahrsatzes ist, kann davon ausgegangen werden, daß diese Lage bereits überprüft wurde und somit in jedem Falle kollisionsfrei ist.

Die Zielposition wird aus der Startposition und dem Verfahrvektor ermittelt. Die neue Lage der Polygonzüge des Werkzeugschlittens einschließlich der Werkzeuge und der Schneide müssen mit den feststehenden Polygonen von Maschinenraum und Werkstück auf eventuelle Überschneidungen (Kollisionen) hin überprüft werden.

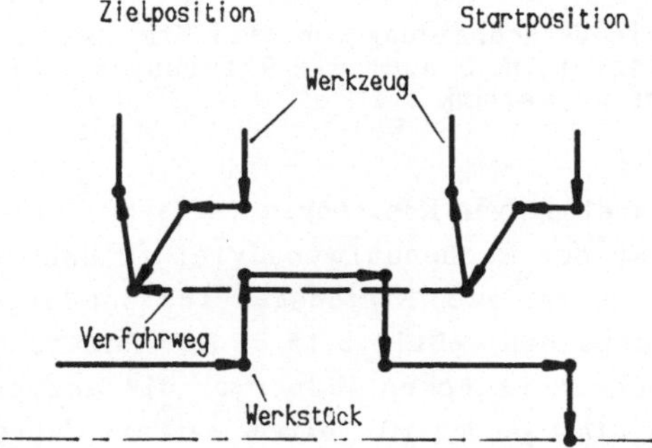

Bild 3.14: Kollision während des Verfahrens.

Da eine Kollision auch während des Verfahrens selbst auftreten kann, obwohl sowohl die Start- als auch die Zielposition selbst kollisionsfrei sind (Bild 3.14), müssen die Verfahrvektoren der bewegten Konturen mit berücksichtigt werden /B1/. Dabei können die Verfahrvektoren mathematisch genauso behandelt werden, wie die Begrenzungsstrecken der Polygonzüge.

Die numerischen Steuerungen sind heute in der Lage, eine Geraden- und eine Kreisinterpolation auszuführen. Die Geradeninterpolation führt bei der internen Darstellung mittels Polygonzügen zu keinerlei Problemen, während die Kreisinterpolation nicht direkt gelöst werden kann. Es bieten sich jedoch zwei Lösungswege an:

- die Einführung eines Kreiselementes zusätzlich zum Streckenelement zur Begrenzung des Polygonzuges oder

- die Annäherung von Kreisbögen mittels Geradenstücken (Polygonalisierung).

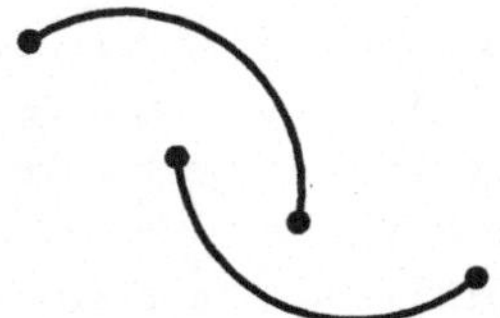

Bild 3.15: Um die Verschneidung von zwei Kreisbögen sicher erkennen zu können, muß auch die Richtung der Krümmung berücksichtigt werden.

Die direkte Behandlung von Kreisbögen ist sehr aufwendig und problematisch, so daß der Rechenaufwand viel zu hoch wird. Dies hat seinen Grund darin, daß zwei Kreisbögen ineinandergreifen können, ohne sich zu schneiden (Bild 3.15). Die Polygonalisierung der Kreisbögen mit Geradenstücken läßt zwar die Anzahl der Elemente stark ansteigen, ist jedoch mit einem wesentlich geringeren Softwareaufwand zu lösen. Dies reduziert die Fehleranfälligkeit der Programme. Durch eine Verringerung der Genauigkeit kann jedoch die Menge der Polygonelemente reduziert werden, so daß sich ein Optimum

zwischen der Exaktheit der Darstellung und der Rechengeschwindig-
keit einstellen läßt. Wegen der besseren Realisierbarkeit wurde
daher die Kreispolygonalisierung angewandt.

Die Kreispolygonalisierung muß schnell und daher mit einfachen
mathematischen Operationen erfolgen. Möglichst viele Parameter
sollen in der Vorbereitungsphase einmal berechnet werden, um während der Polygonalisierung mit einfachen, kurzen Rechenoperationen
auszukommen.

Durch die Polygonalisierung wird ausgehend vom Punkt S_0 ein Kreisbogen mit dem Radius R bis zum Punkt S_m in einen Polygonzug mit m
Strecken zerlegt, der eine maximale Abweichung ε vom Kreisbogen
aufweist. Zu diesem Zweck wird der Punkt S_n um den Kreismittelpunkt
M um einen Winkel α , der sich aus R und ε errechnet in den Punkt
S_{n+1} gedreht (Bild 3.16).

Ausgehend von der Gleichung für die Drehung

$$\overline{S'_{n+1}} = \begin{pmatrix} \cos\alpha & -\sin\alpha \\ \sin\alpha & \cos\alpha \end{pmatrix} \overline{S'_n}, \qquad\qquad Gl.1$$

wobei

$$\overline{S'_n} = \overline{S_n} - \overline{M} \qquad\qquad Gl.2$$

ist, mit

$$\sin\left(\frac{\alpha}{2}\right) = \frac{\sqrt{R^2 - (R - \varepsilon)^2}}{R}, \qquad\qquad Gl.3$$

$$\cos\left(\frac{\alpha}{2}\right) = \frac{R - \varepsilon}{R} \qquad\qquad Gl.4$$

und

$$\sin\alpha = 2 \sin\left(\frac{\alpha}{2}\right) \cos\left(\frac{\alpha}{2}\right), \qquad\qquad Gl.5$$

$$\cos\alpha = 2 \cos^2\left(\frac{\alpha}{2}\right) - 1; \qquad\qquad Gl.6$$

erhält man die Transformation :

$$\overline{S'_{n+1}} = \begin{pmatrix} 1-P_2 & -P_1 \\ P_1 & 1-P_2 \end{pmatrix} \overline{S'_n}; \qquad\qquad \text{Gl.7}$$

mit

$$P_1 = (1 - \frac{\varepsilon}{R}) \sqrt{2P_2} ; \qquad\qquad \text{Gl.8}$$

$$P_2 = 4\frac{\varepsilon}{R} - 2(\frac{\varepsilon}{R})^2; \qquad\qquad \text{Gl.9}$$

Das Vorzeichen von P_1 bestimmt die Drehrichtung. In der Vorbereitungsphase werden eine Verschiebung des Koordinatennullpunktes in
den Kreismittelpunkt vorgenommen, um die Berechnung abzukürzen, und
die Parameter P_1 und P_2 errechnet. In der Durchführungsphase wird
nur noch die Drehung des Punktes S_n in den Punkt S_{n+1} durchgeführt.
Die errechneten Punkte müssen wieder in das ursprüngliche Koordina-
tensystem zurücktransformiert werden:

$$\overline{S_n} = \overline{S'_n} - \overline{M} ; \qquad\qquad \text{Gl.10}$$

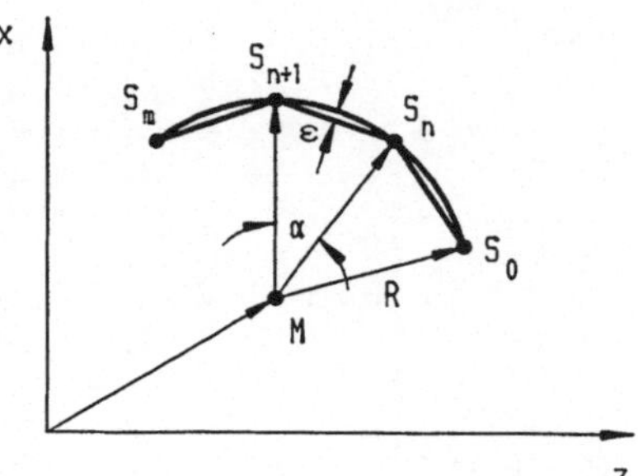

Bild 3.16: Bestimmung des Polygonalisierungsvektors für die Kreispolygonalisierung.

Da die Programmierung des Kreisbogens nach der DIN-Norm /NN6/ über-
bestimmt ist, muß folgendes Abbruchkriterium genau erfüllt werden:

$$(S'_{n+1,x} = S'_{m,x}) \vee ((S'_{n+1,x} < S'_{m,x}) \veebar (S'_{n,x} < S'_{m,x})) \vee$$
$$(S'_{n+1,z} = S'_{m,z}) \vee ((S'_{n+1,z} < S'_{m,z}) \veebar (S'_{n,z} < S'_{m,z})) = \text{True}; \qquad Gl.11$$

Diese Bedingung ist erfüllt, wenn in einer Koordinatenrichtung die Koordinate des Endpunktes überschritten, bzw. erreicht ist. In diesem Fall wird für die Berechnung des Stützpunktes S_{m-1} die entsprechende Koordinate des Endpunktes gleichgesetzt und die zweite beibehalten. Der letzte Polygonalisierungsschritt von Punkt S_{m-1} bis zum Endpunkt S_m hat die Verbindungsgerade $\overline{S_{m-1}S_m}$ zur Folge (Bild 3.17).

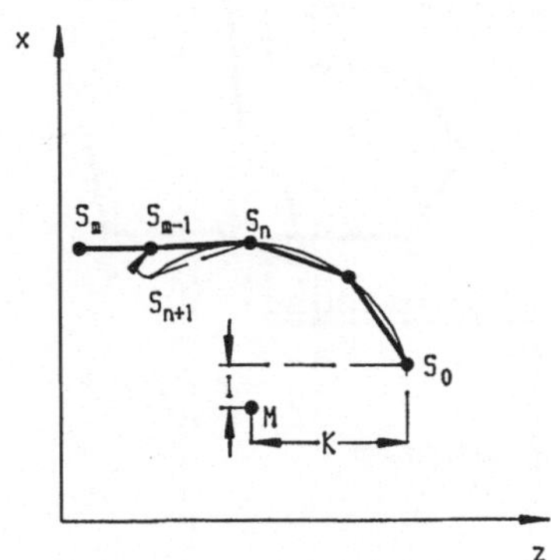

Bild 3.17: Abbruchkriterium für die Kreispolygonalisierung bei einem überbestimmten Kreis.

3.3.6 Die technologischen Zerspanbedingungen

Bevor eine Aktualisierung des Werkstückes vorgenommen werden kann, muß überprüft werden, ob alle technologischen Bedingungen für eine kollisionsfreie Zerspanung gegeben sind. Ein Kollisionsschutzsystem hat nicht die Aufgabe, die Einhaltung von optimalen Schnittwerten zu überprüfen, die nur äußerst aufwendig errechnet werden können /S8,NN16/, sondern es genügt folgende Überprüfung von Maximalwerten, die die Wahrscheinlichkeit eines Werkzeugbruches stark reduziert:

- Die Überprüfung, ob die Schnittgeschwindigkeit eine bestimmte
  Ober- und Untergrenze nicht überschreitet. Diese Werte sind
  vom Werkzeugtyp, der Drehzahl und dem Werkstückdurchmesser an
  der Bearbeitungsstelle (X-Koordinate) abhängig. Wird bei
  einem NC-Satz in X-Richtung verfahren, müssen die Werte für
  die Maximal- und Minimalkoordinate bestimmt werden.

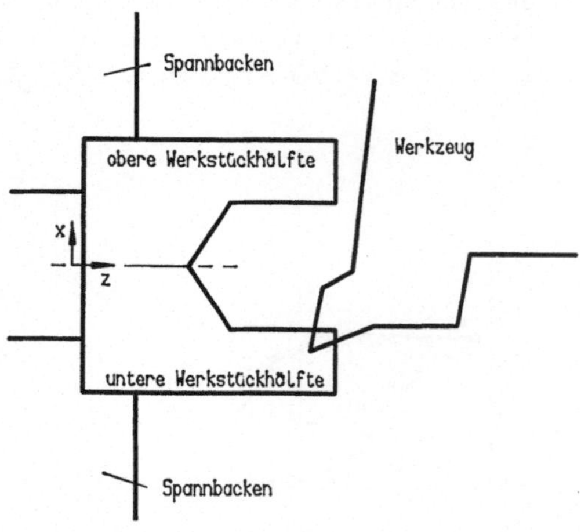

Bild 3.18: Die Berücksichtigung der Drehrichtung hat in diesem Fall
          zur Folge, daß nur die obere Werkstückhälfte für die
          Simulation verwendet wird. Die Überlappung "untere Hälf-
          te" - "Werkzeug" bewirkt deshalb keine Aktualisierung,
          sondern eine Kollisionsmeldung.

- Es muß die Drehrichtung verifiziert werden. Die Drehrichtung
  ist abhängig vom Werkzeug und davon, ob das Werkstück auf der
  positiven oder auf der negativen Seite des Werkstückes in X-
  Richtung bearbeitet werden soll (Nullpunkt auf der Drehachse).
  Der Kollisionsschutz ermittelt aufgrund der Werkzeugdaten und
  der Drehrichtung, ob die positive oder die negative Werkstückhälfte bearbeitet werden darf. Falls die Drehrichung nicht
  stimmt, wird die Schneidenkontur mit der falschen Werkstückhälfte verknüpft, so daß keine Aktualisierung stattfindet. Das
  Resultat kann eine Überlappung von Werkstück und Werkzeug
  ergeben, die zu einer Kollisionsmeldung führt (Bild 3.18).

- Die Vorschubrichtung und -geschwindigkeit ist abhängig vom
  Werkzeug. Es muß überprüft werden, ob die maximalen Vorschub-
  anteile der beiden Achsen den Maximalwert nicht überschreiten
  und ob die Vorschubrichtung korrekt ist. Falls dies nicht
  zutrifft, darf die Bearbeitung nicht stattfinden.

- Die Überprüfung der maximalen Schnittiefe erfolgt automatisch
  durch die Begrenzung der Schneidenkontur. Sobald eine zu große
  Schnittiefe auftritt, die über die Schneidenbegrenzung hinausragt, wird die Bearbeitung abgebrochen.

Falsche Technologiewerte führen erst zu einer Kollision, wenn das
Werkzeug das Werkstück berührt. Luftschnitte sind jedoch erlaubt.
Das Kollisionsschutzsystem berücksichtigt dies, indem falsche Werte
eine Aktualisierung des Werkstückes verhindern. Bei einem Luft-
schnitt hat dies keinen Einfluß. Berührt jedoch das Werkzeug das
Werkstück, so findet eine Überlappung "Werkzeug" - "Werkstück"
statt (Bild 3.18), weil die vorher erforderliche Werkstückaktualisierung aufgrund der fehlerhaften Technologiewerte nicht stattgefunden hat.

3.3.7 Definition der Schneide

Die Bearbeitung des Werkstückes stellt eine "erlaubte Kollision"
dar. Sie ist nur gestattet, wenn die technologischen Grenzwerte
nicht überschritten werden. Um ein mathematisch zuverlässiges Verfahren zu erhalten, ist die Trennung zwischen der Schneidenkontur
und der Gesamtkontur des Werkzeuges, des Schlittens und der Nachbarwerkzeuge nötig. Dies hat folgende Gründe:

- Die Form der bearbeiteten Oberfläche des Werkstückes ist durch
  die Geometrie und die Bahn der Schneide genau definiert. Dazu
  muß der umhüllende Polygonzug ermittelt werden, der sich aus
  der Startposition, dem Verfahrweg und der Zielposition ergibt
  (Bild 3.20). Die Fläche, die von diesem Polygonzug einge-
  schlossen ist, wird von der Fläche, die den Polygonzug des
  Werkstückes definiert, abgezogen. Das Resultat ist die neue

Werkstückkontur nach der Bearbeitung. Die Umhüllende von Schneide und Bahn hat für jeden NC-Satz eine andere Kontur, weil der Verfahrweg eine wesentliche Bestimmungsgöße ist. Diese Umhüllende stimmt in den seltensten Fällen mit der ursprünglichen Form der Schneide genau überein.

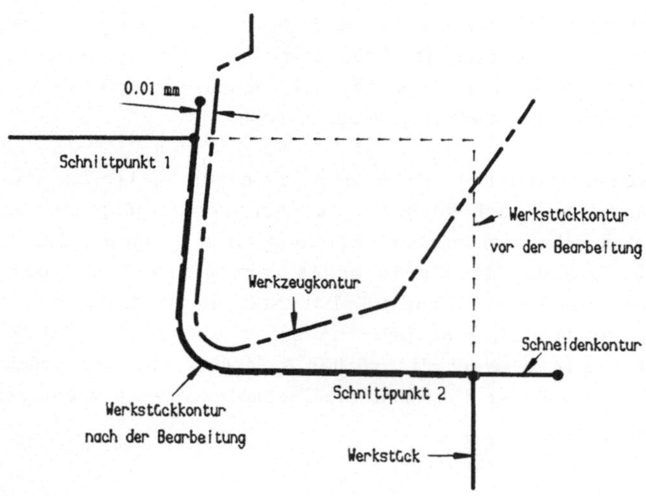

Bild 3.19: Lage der Schneidenkontur bezüglich des Werkzeugs. Die Schneidenkontur bestimmt die neue Form des Werkstückes.

- In vielen Fällen endet ein NC-Satz an einer Position, an der die Schneide das Werkstück unmittelbar berührt (Bild 3.19). Durch die Bearbeitungsoperation wird die Kontur der Schneide genau auf das Werkstück übertragen. Damit sich bei der anschließenden Kollisionsüberprüfung nicht das Werkstück und das Werkzeug berühren - dies führt zu einer Kollisionsmeldung -, muß zwischen dem Werkstück und dem Werkzeug ein Abstand sein. Diesen Abstand erhält man automatisch dadurch, daß man bei der Berechnung der neuen Umhüllenden diese Kontur um den Wert des gewünschten Spaltes außerhalb des Werkzeuges legt (Bild 3.19).

Für die Berechnung der Umhüllenden aus der Start- und Zielposition, dem Verfahrweg und der Schneidenform müssen folgende Schritte durchgeführt werden:

- In der Vorbereitungsphase wird ein Polygonzug erzeugt, der um einen kleinen Abstand ($<$ 10 μm) außerhalb der Schneide des Werkzeuges liegt. Es wird die vollständige Schneide abgebildet. Dieser Vorgang muß einmal vor dem ersten Einsatz dieses Werkzeuges, am besten beim Aufbau der Datenstruktur (Kapitel 3.3.4), durchgeführt werden.

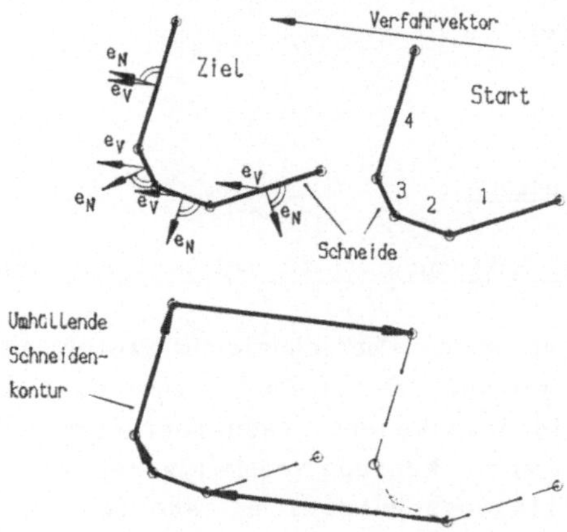

Bild 3.20: Ermittelung der Schneidenkontur aus Startposition, Zielposition und Verfahrvektor

- Aus den Verfahrdaten der Steuerung wird der Verfahrvektor errechnet.

- Die Schneidenkontur wird in die Zielposition verschoben.

- Für die Umhüllende werden alle Polygonstrecken der Schneidenkontur benötigt, deren Normalenvektoren auf die gleiche Seite
zeigen, wie der Verfahrvektor, das heißt, nur die Strecken,

die in Verfahrrichtung liegen (Bild 3.20).

- An den Beginn und an das Ende dieses Streckenzuges wird der Verfahrvektor angehängt (Bild 3.20).

- Die Rückseite der Schneide trägt nicht zur Bearbeitung bei, so daß aus Zeitgründen auf die Vervollständigung des rückwertigen Teils der Schneidenkontur verzichtet wird.

- Ausrichtung aller Polygonzüge der Umhüllenden im Uhrzeigersinn, da sonst die weiteren Bearbeitungsschritte unnötig erschwert werden.

3.4 Kollisionserkennung

3.4.1 Methoden zur Erkennung von Überschneidungen von Polygonzügen

Eine Kollision kann an der Überschneidung zweier unterschiedlicher Konturen erkannt werden, die als Polygonzüge dargestellt sind. Das Problem der Kollisionserkennung reduziert sich dadurch auf eine geeignete Methode zur Erkennung von Polygonüberschneidungen. Für das Echtzeit-Kollisionsschutzsystem benötigt man deshalb einen Algorithmus zur Erkennung von sich überschneidenden Polygonzügen, der

- schnell ist,
- wenig Speicherplatz benötigt und
- gut zu implementieren ist.

Einfache Algorithmen lassen sich besser implementieren, da sie überschaubarer und somit leichter zu programmieren und zu testen sind. Mögliche Fehlerquellen können schon in der Konzeptphase vermieden werden: Ein eventueller Geschwindigkeitsgewinn eines aufwendigen Algorithmus kann eine fehlerhafte Implementierung - Fehler sind nie auszuschließen - nicht aufwiegen, denn gerade der Sicherheitsaspekt spielt bei diesem Projekt eine entscheidende Rolle.

Aus diesem Grund wird ein einfacher Algorithmus verwendet /M2,P3/:
Jede Strecke des einen Polygons wird mit jeder Strecke des anderen
überprüft. Um N Strecken auf Verschneidung überprüfen zu können,
sind mit diesem Algorithmus N^2 Tests nötig, das heißt, eine Verdop-
pelung von N bedeutet eine Vervierfachung des Zeitaufwandes. Dieser
Zusammenhang wird in der Literatur durch die "Ordnungsfunktion"
O(N) dargestellt. In diesem Fall drückt

$$O(N^2) \hspace{10cm} Gl.12$$

den quadratischen Zusammenhang aus. Eine einfache, aber wirkungs-
volle Optimierung kann durch eine zweistufige Vorauswahl der
Streckenzüge die Anzahl der Elemente und damit die Gesamtrechenzeit
eines Überprüfungsdurchganges mit Werkstückaktualisierung im
Schnitt um den Zeitfaktor von 8 reduzieren.

Im Rahmen dieser Überlegungen wurden auch alternative Erkennungsme-
thoden untersucht, die der Vollständigkeit halber kurz erwähnt
werden sollen.

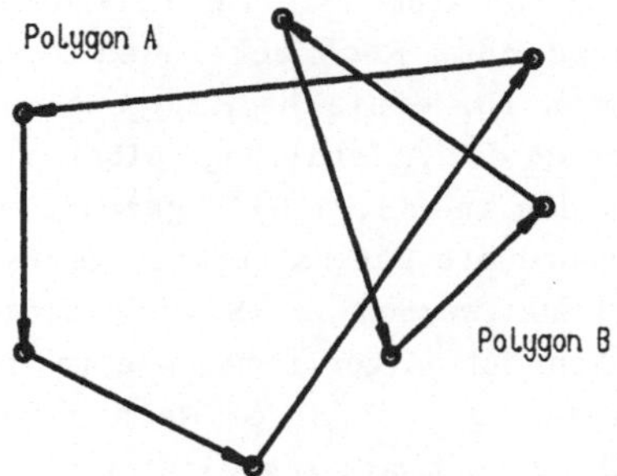

Bild 3.21: Überschneidung von 2 konvexen Polygonen, wobei sich alle
Punkte außerhalb der Polygonzüge befinden.

Eine sehr einfache Methode, Polygonzugüberschneidung zu erkennen,
besteht darin, zu testen, ob sich ein Punkt eines Polygons innerhalb eines anderen befindet. Jedoch gibt es Sonderfälle, wo sich
Polygone überschneiden, ohne daß ein Punkt in einem anderen Polygon
liegt (Bild 3.21). Um diese Sonderfälle zu erkennen, ist ein

zusätzlicher Aufwand erforderlich, der die Vorteile des Verfahrens zunichte machen kann.

Wegen der in den letzten Jahren zunehmenden Nachfrage nach einer leistungsfähigen Bilddatenverarbeitung wurden auf dem Gebiet der Behandlung von Polygonzügen viele Algorithmen entwickelt. So ist es für die Darstellung von dreidimensionalen Bildern nötig, störende Linien und Kanten, die von Flächen verdeckt werden, zu erkennen und zu eliminieren. Auch hier ist von großer Bedeutung, Überschneidungen von Polygonen zu erkennen. Aus diesem Grund liegt es nahe, die Brauchbarkeit der dabei angewandten Verfahren für den Kollisionsschutz zu untersuchen.

Diese Methoden zielen im wesentlichen auf eine Verbesserung des Zeitverhaltens (Ordnungsfunktion). Eine wichtige Bestimmungsgröße dafür ist die Anzahl der zu überprüfenden Elemente. Eine Verbesserung des Zeitverhaltens -ein linearer Zusammenhang (O(N)) wird angestrebt- läßt sich erzielen, indem man entweder durch vorheriges Ordnen der Elemente die Anzahl der Überprüfungen reduziert oder durch eine Aufspaltung von komplizierten Polygonen in einfach handhabbare (z.B. Dreiecke oder Rechtecke) den Testvorgang abkürzt. Schnelle Testverfahren für einfache Polygone werden in /B2,H2,O1, S9/ beschrieben, während die Aufspaltung selbst mit Methoden durchgeführt werden kann, die in /K1,P1,S11/ gezeigt werden. Algorithmen, die über eine geordnete Datenstrucktur gezielt auf einige wenige Elemente zugreifen, werden in /S10,S4/ dargestellt. Das Sortieren der Elemente kann mit Algorithmen wie in /D1/ gezeigt erfolgen. Durch die Verwendung spezieller Rechenoperationen /F2,S3/ können diese Algorithmen nochmals schneller gemacht werden.

Allen diesen Methoden aus der Bilddatenverarbeitung ist gemeinsam, daß vor der eigentlichen Überprüfung vorbereitende Schritte durchgeführt werden müssen. Dies treibt den Grundaufwand für das gesamte Verfahren in die Höhe. Bei einer geringen Anzahl von Streckenelementen bedeutet dies einen zusätzlichen Rechenaufwand. Erst bei einer großen Anzahl von Elementen (in /S4/ wird beispielsweise von 1000 bis 100000 Elementen gesprochen) kommt der Zeitvorteil voll zum tragen, während sich bei einer Anzahl von ca. 200 Elementen im

Kollisionsschutzsystem der zusätzliche Rechenaufwand durch die
Vorbereitung unvorteilhaft auswirkt (Bild 3.22). Hinzu kommt, daß
diese Verfahren aufwendig zu programmieren sind /S10/.

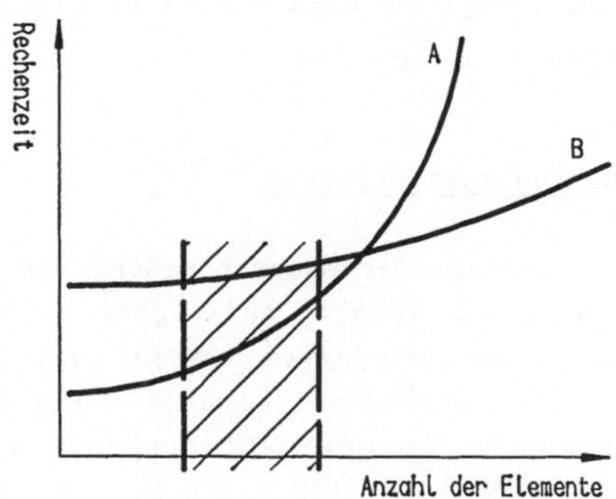

Bild 3.22: Kurve A: einfacher Algorithmus mit ungünstiger Ord-
nung; Kurve B: Algorithmus mit gutem Zeitverhalten aber
hohem Grundrechnenaufwand; im schraffierten Bereich bewegt sich die Elementmenge im Kollisionsschutzsystem.

3.4.2 Mathematische Beschreibung der Polygonzüge

Für die mathematische Beschreibung der Polygonstrecken ist die
Geradengleichung

$$A\ X_P - B\ Z_P + C = D;$$ Gl.13

sehr gut geeignet, weil sie ohne Einschränkung auch senkrechte und
waagerechte Geraden zuläßt, die häufig auftreten. Ein weiterer
Vorteil dieser Form ist, daß man leicht ermitteln kann, auf welcher
Seite sich ein gegebener, nicht auf der Geraden liegender Punkt
befindet. In diesem Fall ist $D \neq 0$, wobei das Vorzeichen von D die
Seite bezeichnet, auf der sich der Punkt (X_P, Z_P) befindet. Die
normierte Form (Gl.25) ist hier nicht nötig, da im Gegensatz zur
Bahnüberwachung für die Geometrieüberwachung nur die Seite und
nicht der genaue Abstand interessant ist. Auch die Gleichung

$$Z_P = M\,X_P + T \qquad\qquad\qquad\qquad\qquad Gl.14$$

ist schlecht geeignet, weil der Parameter M bei waagerechten Geraden einen unendlichen Wert annimmt und daher nicht definiert berechnet werden kann.

3.4.3 Verschneidung von zwei Strecken

Das Verfahren zur Erkennung der Überschneidung von Strecken beruht
auf der Aussage, daß die Endpunkte auf gegenüberliegenden Seiten
der jeweiligen anderen Strecke liegen müssen. Dies läßt sich leicht
mit Hilfe der oben beschriebenen allgemeinen Form der Geradengleichung (Gl.13) erkennen. Wenn das Vorzeichen von D für die zwei
Eckpunkte unterschiedlich ist, liegen die Punkte auf gegenüberliegenden Seiten der anderen Strecke (Bild 3.23).

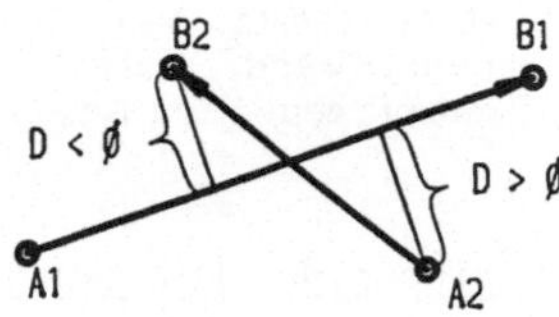

Bild 3.23: Vorzeichen von D bei Überschneidung.

Im Falle von fluchtenden, aber nicht überschneidenden Strecken,
müssen jedoch zusätzlich noch die Endpunkte zueinander in Betracht
gezogen werden, weil in diesem Fall für alle vier Endpunkte der
Wert von D gleich 0 ist.

Es ist zweckmäßig, einen in der Literatur /F1,H2/ als Minimax-Test
bezeichneten Test (Bild 3.24) vor der Berechnung von D durchzuführen. Da dieser Test aus einfachen Vergleichsoperationen besteht,
können damit schon eine Vielzahl von Strecken schnell vor einer
Berechnung von D mit der Geradengleichung ausgeschieden werden, so
daß nur noch in ein paar Fällen darauf zurückgegriffen werden muß.
Strecken, die sich in keiner Weise überlappen, können sich nicht

schneiden. Nur wenn eine Überlappung auftritt, muß dieses Strecken-
paar genau überprüft werden. Auch den Sonderfall von fluchtenden
Strecken kann man damit erfassen.

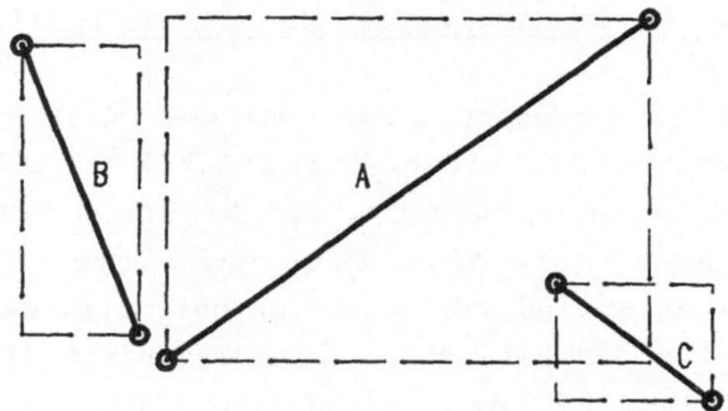

Bild 3.24: Minimax-Test: Die Strecken A und B können sich auf
keinen Fall schneiden, weil sich die Rechtecke nicht
überlappen, während bei den Strecken A und C eine zusätzliche Überprüfung nötig ist.

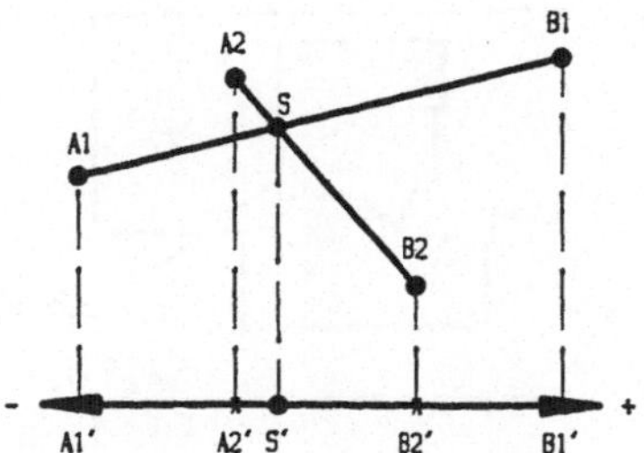

Bild 3.25: Lage des Schnittpunktes bezüglich der Eckpunkte bei
Verschneidung.

Man kann eine Verschneidung von 2 Strecken auch daran erkennen, ob
der Schnittpunkt zwischen den Endpunkten liegt (Bild 3.25). In
/S6/ wird dieses Verfahren angewendet. Es gibt allerdings mit dem
Sonderfall "parallele Strecken" Probleme, weil dann kein defi-
nierter Schnittpunkt ermittelt werden kann. Ein weiterer Nachteil
besteht darin, daß der Schnittpunkt selbst nicht weiter benötigt
wird, und somit überflüssige Rechenoperationen ausgeführt werden

müssen, die aufgrund der Anforderung an die Rechenzeit möglichst minimiert werden sollen.

3.4.4 Optimierung des Zeitverhaltens des Rechenalgorithmus

Um eine Kollision zu erkennen, müssen die drei Konturzüge (Maschinenraum, Werkzeug mit Schlitten, Werkstück) auf Überlappung getestet werden. Eine Überprüfung aller Strecken der Polygonzüge gegeneinander dauert trotz einer Grob-Fein-Unterteilung unnötig lange. Beispielsweise sind bei einer durchschittlichen Anzahl von 30 Polygonzügen für den Schlitten, 30 Polygonzüge für die Maschinenkontur und 40 für die Werkstückkontur 30*30 + 30*40 = 2100 Überprüfungen durchzuführen. Dazu kommt zusätzlich die Bearbeitungssimulation und die Werkstückaktualisierung. Dies würde trotz Einsatz des Arithmetikprozessors zu einer Programmlaufzeit von mehreren Sekunden führen, da eine Überprüfung von zwei Strecken auf Verschneidung ca. 1 ms dauert.

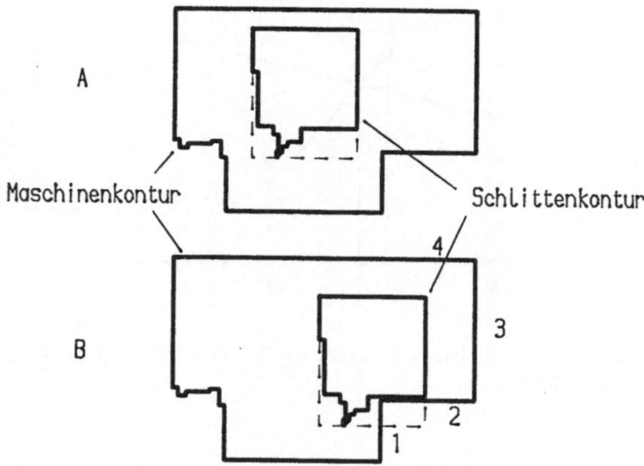

Bild 3.26 A: Kein Polygonzug des Maschinenraumes überlappt mit den Extremwerten der Schlittenkontur; → keine weiteren Überprüfungen nötig.
B: Die Polygonzüge 1 und 2 des Maschinenraumes überlappen mit den Extremwerten der Schlittenkontur und müssen deshalb genau überprüft werden.

Die in Kapitel 3.4.1 untersuchten Methoden aus dem Bereich der Bilddatenverarbeitung zur Optimierung des Zeitverhaltens des Rechenalgorithmus sind wegen ihrer Komplexität nur bedingt brauchbar. Die Anzahl der Überprüfungen kann aber durch folgende Methode stark reduziert werden: nur solche Polygonzüge des Maschinenraumes können sich mit der Schlittenkontur schneiden, die mit den Extremwerten der Schlittenkontur überlappen (Bild 3.26). Dies kann leicht mit Hilfe des Minimax-Testes /F1,H2/ erkannt werden, wie er schon für den Test auf Verschneidung von zwei Strecken eingesetzt wird. Nur wenn ein Polygonzug des Werkzeuges oder des Maschinenraumes mit der Schlittenkontur überlappt, muß er mit den Polygonzügen des Schlittens verglichen werden. Bild 3.26A zeigt vereinfacht einen Fall, in dem keine Überlappung auftritt, so daß die Kollisionsüberprüfung für diese zwei Konturzüge sich auf ca. 30 (Anzahl der Polygonzüge des Maschinenraumes) Minimax-Tests reduziert, im Vergleich zu den ursprünglichen 30*30 Überschneidungstests. In Bild 3.26B kommen zusätzlich noch 2*30 Überschneidungstests hinzu. Dieses Verfahren läßt sich sehr einfach implementieren und auch auf die Simulation der Bearbeitung anwenden, so daß die gesamte Programmlaufzeit für eine Überprüfung inclusive Werkstückaktualisierung im Mittel auf ca. 0.4 Sekunden (4 MHz CPU-Takt) reduziert werden kann. Durch den Einsatz einer CPU mit der doppelten Taktfrequenz, läßt sich diese Zeit nochmals halbieren.

Zusammenfassend läßt sich sagen, daß folgende 3 Überprüfungsschritte ein schnelles und sicheres Verfahren ergeben:

- erste Überprüfung, ob die Konturen überhaupt kollisionsgefährdet sind (Minimax-Test über die Gesamtkonturen);

-falls dies zutrifft, findet eine grobe Überprüfung der Streckenzüge statt (Minimax-Test über die Streckenzüge);

- genaue Überprüfung der Strecken, die gefährdet sind.

3.5 <u>Simulation der Zerspanung</u>

Bevor die eigentliche Kollisionsüberprüfung stattfinden kann, muß
eine eventuelle Werkstückaktualisierung vorgenommen werden. Zu
diesem Zweck wird vor jedem NC-Verfahrsatz die entsprechende
Schneidenkontur errechnet und anschließend die Schnittwerte wie
Vorschub und Drehzahl überprüft. Die Drehrichtung bestimmt, ob die
obere oder die untere Werkstückhälfte mit dem aktiven Werkzeug
bearbeitet wird.

Sind alle Randbedingungen ermittelt und liegen sie alle innerhalb
der zulässigen Grenzen, erfolgt die eigentliche Konturanpassung
nach folgendem Schema:

- Es werden alle Polygonzüge der Schneide gegen alle Strecken
  des Werkstückes auf Überschneidung geprüft. Eventuelle
  Schnittpunkte werden errechnet.

- Die Schnittpunkte werden in der Reihenfolge abgelegt, in der
  sie entlang der Schneide zu liegen kommen.

- Häufig fallen Eckpunkte und Strecken von beiden Polygonzügen
  aufeinander. In diesem Fall müssen zusätzliche Tests vorgenommen werden, um eindeutig zu bestimmen, ob eine Überschneidung oder nur eine Berührung der Konturen vorliegt. Liegt eine
  Berührung vor, muß zusätzlich festgestellt werden, ob nur ein
  Punkt oder ganze Streckenzüge aufeinanderfallen. Die Berüh-
  rungspunkte werden aus der Liste der Schnittpunkte gelöscht,
  weil sie keine Konturänderung bewirken. Als Ergebnis dieser
  Operationen verbleiben Ein- und Austrittspunkte, die paarweise
  zusammengefaßt werden.

- Beim Abstechen beispielsweise treten zwei Schnittpunktpaare
  auf. Ein Paar bestimmt die Kontur des gespannten Werkstücks,
  das zweite Paar gehört zu dem abgestochenen Teil, das abfällt
  und somit nicht mehr als kollisionsgefährdete Kontur zu speichern ist. Das zweite Schnittpunktpaar muß deshalb gelöscht
  werden. Die wegfallende Kontur, die durch die dazwischenlie-

genden Punkte beschrieben wird, wird nach dem Aktualisieren
des Werkstücks gelöscht.

- Da die Schneidenkontur nicht geschlossen ist, können bei den
Schnittpunkten am Rande die entsprechenden Paare unvollständig
sein. In diesem Fall müssen diese Punkte geeignet ergänzt
werden.
- Nachdem alle Sonderfälle behandelt worden sind, wird mit der
Werkstückaktualisierung begonnen, indem die Schnittpunkte an
den entsprechenden Stellen in das Werkstückpolygon eingesetzt
werden. Liegen die Schnittpunkte von Ein- und Austritt nicht
auf derselben Strecke des Schneidenpolygons, müssen die dazwi-
schenliegenden Punkte der Schneide mit eingefügt werden, damit
die Schneidenform auf das Werkstück übertragen wird (siehe
auch Bild 3.19). Die ursprünglichen Polygonzüge des Werkstücks, die zwischen beiden Schnittpunkten liegen, werden
gelöscht, da sie das zerspante Material darstellen. Dieser
Vorgang wird mit allen Schnittpunktpaaren wiederholt.

it ist die Aktualisierung der Werkstückkontur des Modells abge-
lossen, so daß sie weitgehendst der realen Werkstückform nach
sem NC-Satz entspricht.

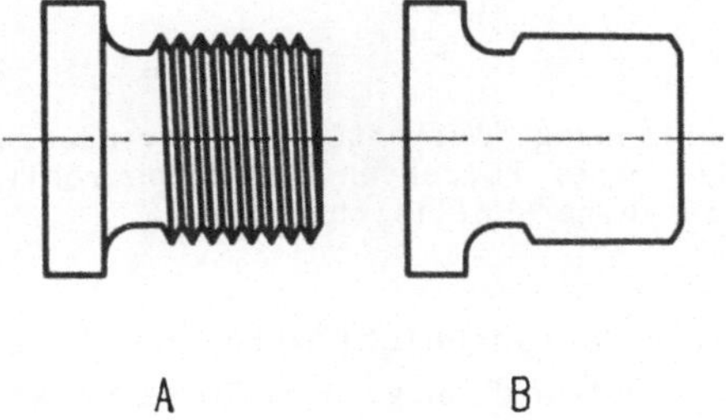

d 3.27: Die Projektion eines Gewindes (A) kann bei Rotation um
die Achse durch das scheinbare Wandern der Flanken wie
eine massive Kontur (B) dargestellt werden.

Gewindebearbeitung erfordert eine andere Behandlung der Werk-
kkontur. Eine spezielle Darstellung des Gewindes wie zum Bei-

spiel in einer technischen Zeichnung ist nicht gut geeignet. Weil
ein Gewinde in der Projektion eines rotierenden Teiles nicht er-
kennbar ist (Bild 3.27), wird es vom Kollisionsschutz daher wie
ein massiver Teil des Werkstückes behandelt. Aus diesem Grund ist
es sinnvoll, bei der Gewindebearbeitung keine Werkstückaktualisierung vorzunehmen, sondern nur die Bedingungen zu überprüfen, die
eine Gewindebearbeitung erlauben:

- spezieller Verfahrbefehl für die Steuerung für die eindeutige
  Zuordnung von Werkstückrotation und Vorschub;
- Einsatz eines für die Gewindebearbeitung zugelassenen Werkzeuges;
- die technologischen Randbedingungen müssen erfüllt sein.

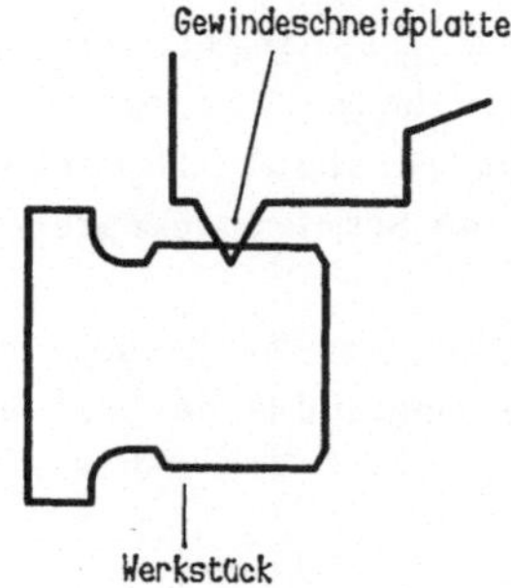

Bild 3.28: Die Überlappung "Werkstück" - "Gewindeschneidplatte" ist
           im Falle einer korrekten Gewindebearbeitung erlaubt und
           führt zu keiner Kollisionsmeldung.

Durch den speziellen Verfahrbefehl wird im Kollisionsschutz die
Funktion "Gewindebearbeitung" ausgelöst. Diese Funktion überprüft,
ob das im Eingriff befindliche Werkzeug eine Gewindebearbeitung
ermöglicht. Ist dies nicht der Fall, wird eine normale Bearbeitung
mit Werkstückaktualisierung ausgelöst. Ist das Werkzeug passend und
sind die technologischen Zerspanbedingungen (Kapitel 3.3.6) erfüllt, wird das Werkzeug zur Zielposition verfahren. Das Gewinde-
werkzeug darf in diesem Fall mit dem Werkstück um die maximal für
eine Gewindebearbeitung notwendige Tiefe überlappen (Bild 3.28).

Dieser Umstand muß bei der Kollisionsbetrachtung berücksichtigt werden. Dies wird erreicht, indem in diesem Fall der Konturzug des Werkzeuges umgelenkt und dadurch der im Eingriff befindliche Teil der Schneide ausgeklammert wird.

3.6 Stabilität des Rechenalgorithmus

In diesem Abschnitt geht es im besonderen um das sichere Arbeiten der Algorithmen für den Kollisionsschutz. Obwohl sie streng mathematisch korrekt sind, können Fehler durch Rechenungenauigkeiten und durch die endliche Genauigkeit in der Zahlendarstellung auftreten /S16/. Der maßgebende Einflußfaktor dafür ist die Zahlendarstellung (Integer-, Realzahl) und die Rechengenauigkeit.

Um eine geeignete Zahlendarstellung auswählen zu können, muß untersucht werden, in welchem Wertebereich sich die darzustellenden Zahlen bewegen:

- Die kleinste darzustellende Zahl ergibt sich aus der Auflösung, die die Steuerung und die Meßsysteme der Maschine haben. Dieser Wert beträgt 1 μm. Es ist nicht sinnvoll, kleinere Zahlen darzustellen.

- Die maximal darzustellende Zahl wird durch den Arbeitsraum der Maschine bestimmt. Diese Größe bewegt sich von einigen Zentimetern bis zu einigen Metern, hat also eine große Schwankungsbreite, die von der Größe der Maschine abhängt. Die MD5S von Gildemeister, auf der das System implementiert wird, hat einen maximalen Arbeitsraum von cirka 1200 mm. Zur Darstellung werden mindestens 21 Bit benötigt. Es ist allerdings zu beachten, daß für die Berechnung der Geradengleichung Produkte auftreten, die die doppelte Darstellungsgenauigkeit benötigen, und deshalb mit Integerzahlen schwer beherrschbar sind.

Dieser Wertebereich und die Tatsache, daß Divisionen bei reinen Integerzahlen vorsichtig gehandhabt werden müssen, sprechen für den

Einsatz von Realzahlen. Die Nachteile dieser Darstellung kann man
dadurch in den Griff bekommen, daß man Dezimalbrüche möglichst
vermeidet und die Rechengenauigkeit groß genug wählt. Aus diesem
Grund werden alle Zahlen in der Maßeinheit dargestellt, in der
keine Dezimalbrüche für die kleinste Einheit benötigt werden. Einige Beispiele:

- Koordinatenwerte in μm;
- Vorschub in μm/U oder μm/min;
- Drehzahl in U/min;
- Schnittgeschwindigkeit in m/sec.

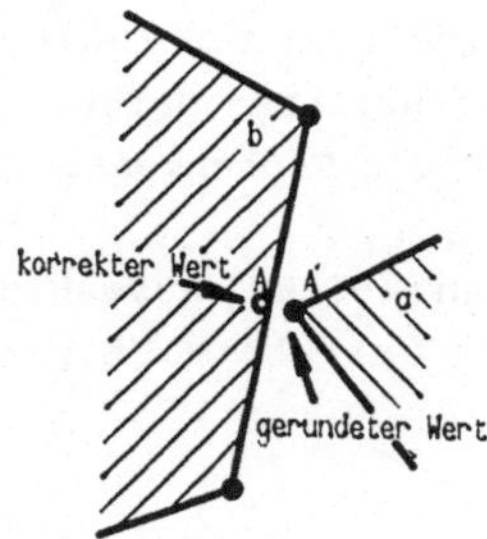

Bild 3.29: Durch Rundung gelangt Punkt A außerhalb der Kontur b. Es
wird daher keine Kollision erkannt.

Für Koordinatenwerte reicht eine Auflösung von 32 Bit Real, während
für Zwischenergebnisse das maximale Format von 80 Bit Real verwendet wird. Endergebnisse, die sich nicht ganzzahlig darstellen lassen, müssen gerundet werden, wobei zu untersuchen ist, welche Auswirkungen dies auf die Stabilität hat. Zum einen besteht die Möglichkeit, daß zwei Punkte nebeneinander zu liegen kommen, obwohl
sie streng mathematisch identische Koordinaten haben müßten. Durch
geeignete Programme sind diese Punkte zu eliminieren, weil sie den
Datenumfang unnötig aufblähen. Zum anderen kann es vorkommen, daß
ein Koordinatenpunkt durch Rundungsfehler außerhalb einer Kontur zu
liegen kommt und deshalb fälschlicherweise keine Kollision erkannt
wird (Bild 3.29). Dies spielt jedoch keine Rolle, da Kollisionen
im μm-Bereich keine Auswirkungen auf die Werkzeugmaschine haben.

Der Nachteil der aufwendigen und zeitraubenden Berechnungsverfahren für Realzahlen kann durch den Einsatz des speziellen Arithmetikcoprozessors "8087" von Intel vermieden werden /NN15/. Er hat eine ausreichende Genauigkeit von 80 Bit und verkürzt in diesem speziellen Fall die Programmausführungszeit um den Faktor 70, im Gegensatz zur Softwareemulation durch den Zentralprozessor.

3.7 Der Kollisionsschutz in den Betriebsarten der Steuerung

Nachdem die Funktionsweise des Kollisionsschutzes und der Zerspanungssimulation beschrieben worden ist, muß die Anwendung und das Zusammenspiel der einzelnen Komponenten in den einzelnen Betriebsarten der Steuerung erörtert werden.

3.7.1 Automatikbetrieb und Einzelsatzbetrieb

Im Automatikbetrieb - der Einzelsatzbetrieb ist eine Untermenge davon - werden von der Steuerung die aufbereiteten NC-Sätze an die Geometrieüberwachung übergeben. Das heißt, daß alle Sätze in der Form vorliegen, in der sie direkt zum Verfahren der Maschine verwendet werden. Dazu müssen von der Steuerung folgende Vorarbeiten durchgeführt worden sein:

- Auflösen von Zyklen in die einzelnen primitiven Verfahrsätze;
- Berücksichtigung von Unterprogrammen;
- Einfügen von zusätzlichen NC-Sätzen, die durch die Schneidenradiuskompensation nötig werden.

Diese Verfahrsätze werden von der Geometrieüberwachung auf Kollisionen hin untersucht und zur Aktualisierung der Werkstückkontur verwendet. Sind sie kollisionsfrei, so werden sie von der Geometrieüberwachung mit dem Vermerk "kollisionsfrei" an die Steuerung zurückgegeben und dort in die entsprechenden Verfahrbefehle umgesetzt. Falls jedoch die Geometrieüberwachung eine Kollision erkennt, sperrt sie diesen NC-Satz und unterbindet die Abarbeitung aller weiteren NC-Sätze. Die Steuerung führt die restlichen noch

kollisionsfreien NC-Sätze aus und hält die Maschine an, sobald
keine weiteren Sätze zur Verfügung stehen. Die Bedienperson bekommt
von der Geometrieüberwachung eine entsprechende Meldung mit der
genauen Angabe der Kollisionsursache. Eine graphische Darstellung
der momentanen Bearbeitungssituation, die beliebig vergrößert dargestellt werden kann, erleichtert die Analyse.

Wird das NC-Programm fehlerfrei beendet, muß beachtet werden, daß
vor dem Neustart mit einem neuen Rohteil auch das interne Modell
des Werkstücks der Form des neu eingesetzten Rohteils angepaßt
werden muß. Handelt es sich um ein gleichartiges Werkstück, teilt
dies die Bedienperson der Geometrieüberwachung mit, die dann die
ursprünglich abgespeicherte Kontur neu lädt. Wird ein Teil mit
anderen Abmessungen eingespannt, müssen diese Maße dem Kollisionsschutz im momentanen Entwicklungsstadium noch bekannt gemacht werden. In einer späteren Ausbaustufe ist geplant, die Rohteilabmessungen automatisch zu erfassen, um diese Fehlermöglichkeiten zu
reduzieren (siehe auch Kapitel 3.8 und 6.2).

Der Werkzeugwechsel

Der Werkzeugwechsel spielt bei der Kollisionsbetrachtung eine Son-
derstellung. Es muß sichergestellt werden, daß bei einem Werkzeugwechsel keines der durchgeschwenkten Werkzeuge mit seinen Schwenk-
wegen Maschinen- oder Werkstückteile berührt. Die Position des
Schlittens bleibt dabei im Gegensatz zu seiner Kontur unverändert.
Aus der Start- und der Endposition des Revolvers läßt sich seine
Drehrichtung bestimmen. Im Anschluß daran werden alle dazwischen-
liegenden Werkzeuge simulativ eingeschwenkt und auf eventuelle Kollisionen mit Maschine oder Werkstück hin überprüft. Das simulative
Einschwenken erfolgt dadurch, daß die entsprechenden, in der Vorbereitungsphase erstellten Werkzeugkonturen (siehe Kapitel 3.3.4),
nacheinander zur Erstellung der Schlittenkontur abgerufen werden.
Es wird also jeder zwischen Start- und Zielposition liegende Werkzeugplatz überprüft. Von Bedeutung sind auch die Schwenkwege der
Werkzeuge, denn nicht nur die Endlage muß kollisionsfrei sein,
sondern auch der Schwenkweg selbst.

3.7.2 Handbetrieb

NC-Maschinen arbeiten nicht nur im Automatikbetrieb. Auch die Betriebsart Handverfahren wird häufig benötigt und führt immer wieder
zu Kollisionen, da es durch eine kleine Unaufmerksamkeit des Bedie-
ners leicht zu einer Fehleingabe kommen kann.
Im Folgenden soll nun eine Methode dargestellt werden, die die
Überprüfung der Betriebsart Handverfahren ermöglichen soll. Prinzipiell kann dasselbe Modell verwendet werden, wie für den Automatikbetrieb. Allerdings muß eine etwas andere Methode der Kollisionserkennung eingesetzt werden, weil im Gegensatz zum Automatikbetrieb beim Handverfahren nicht der gesamte Verfahrweg mit Start-
und Zielpunkt von Anfang an definiert ist, sondern nur der Startpunkt und die Verfahrrichtung /P4/.

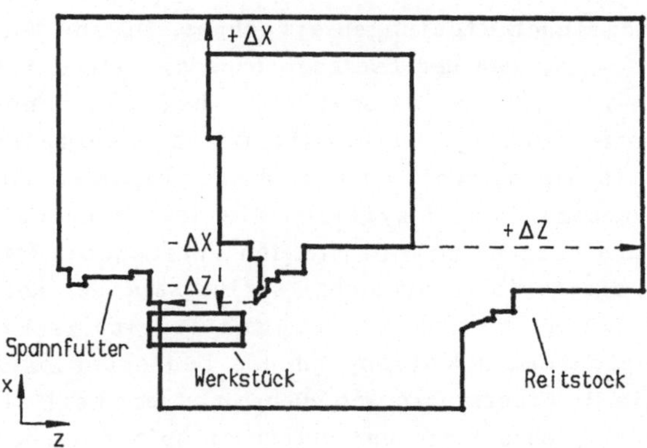

Bild 3.30: Die maximal möglichen Verfahrwege in die 4 Richtungen.

Als eine mögliche Methode bietet sich an, vor Beginn der Schlittenbewegung die maximal möglichen Verfahrwege in jede der möglichen
Richtungen (bei der MD5S sind es die 4 Richtungen +X, -X, +Z, -Z)
zu bestimmen. Während des Verfahrvorganges müssen diese Werte nur
noch mit der aktuellen Schlittenposition verglichen werden. Falls
sich der Schlitten der Maschinen- oder Werkstückkontur zu weit
nähert, reduziert der Kollisionsschutz die Verfahrgeschwindigkeit
und setzt sie schließlich gleich null, so daß Kollisionen nicht

möglich sind. Bild 3.30 zeigt die maximalen Verfahrwege, die von der aktuellen Schlittenposition aus mit Eilgang gefahren werden können.

Des weiteren ist zu beachten, daß beim Handverfahren mit dem Handrad und beim Verfahren mit einer vorher programmierten Vorschubgeschwindigkeit die Werkzeugschneide in das Werkstück eindringen darf. Aus diesem Grund muß zwischen den Betriebsmodi "Verfahren mit Eilgang" und "Bearbeitung" unterschieden werden.

Das Prinzip der Kollisionserkennung beim Verfahren des Werkzeugschlittens basiert auf folgender Vorgehensweise: wird die Steuerung in die Betriebsart Handverfahren umgeschaltet, muß dies das Kollisionsschutzsystem erkennen und automatisch in den entsprechenden Mode umschalten. Im Anschluß daran wird der maximale Verfahrbereich für alle möglichen Richtungen errechnet. Dieser Vorgang soll so schnell erfolgen, daß der Bediener ohne merkliche Verzögerung sofort mit dem Verfahren des Schlittens beginnen kann. Während die Richtungstaste betätigt wird, mit der die Verfahrbewegung des Schlittens in die entsprechende Richtung ausgelöst wird, übernimmt das Kollisionsschutzmodul zyklisch die Schlittenposition von der Steuerung und vergleicht sie mit den errechneten Maximalwerten. Wird einer dieser Werte erreicht, verlangsamt der Kollisionsschutz zuerst den Schlitten und hält ihn schließlich in Verbindung mit einer entsprechenden Meldung an die Bedienperson an. Läßt der Bediener die Richtungstaste los, übernimmt der Kollisionsschutz die aktuelle Schlittenposition und errechnet sofort wieder die maximal möglichen Verfahrwege von dieser Position aus. Der Zeitraum, bis der Bediener wieder eine Taste betätigt, wird zur Berechnung der Werte genutzt, um die Reaktionszeit auf die Bedienereingaben möglichst kurz zu halten.

Berechnung der maximal möglichen Verfahrwege ohne Bearbeitung:

Der maximale Verfahrweg in eine Richtung entspricht dem kürzesten Abstand von den zwei betrachteten Polygonzügen in dieser Richtung. Diesen Abstand erhält man, indem die Abstände aller Punkte des Polygonzuges A bezüglich aller Strecken des Polygonzuges B vergli-

chen werden. Zu beachten ist jedoch, daß nur die Abstände zu den
Geraden gültig sind, die in der entsprechenden Richtung des jeweiligen Punktes liegen. Anschließend wird die Rechnung wiederholt,
wobei jetzt die Abstände der Punkte von Polygon B von den Geraden
von Polygon A berechnet werden. Bild 3.31 macht deutlich, daß nur
so der minimale Abstand erkannt wird.

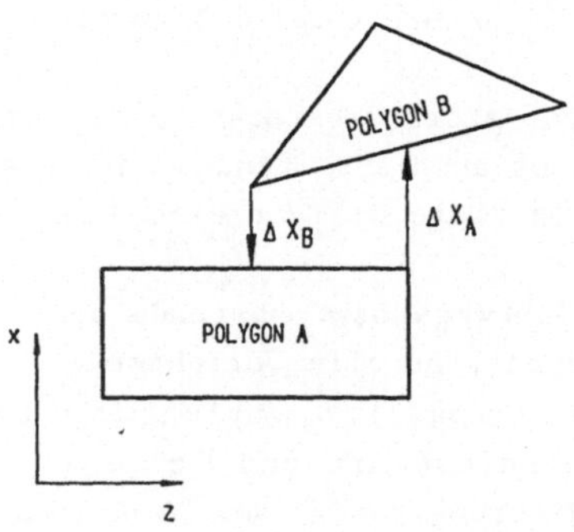

Bild 3.31: Bestimmung des kleinsten Abstandes von 2 Polygonzügen.

Für die Abstandsberechnung des Punktes (X_P, Z_P) von der Strecke
(A X_S + B Z_S + C = 0) werden folgende Formeln verwendet:

Für eine allgemeine Strecke:

$$\Delta X = (X_S - X_P) + (Z_P - Z_S)\, \frac{A}{B};\qquad\qquad Gl.15$$

$$\Delta Z = (Z_S - Z_P) + (X_P - X_S)\, \frac{B}{A};\qquad\qquad Gl.16$$

Für horizontale Strecken (A = 0):

$$\Delta X = X_S - X_P;\qquad\qquad Gl.17$$

ΔZ wird durch die angrenzenden Strecken bestimmt;

Für vertikale Strecken (B = 0):

ΔX wird durch die angrenzenden Strecken bestimmt;

$$\Delta Z = Z_S - Z_P;\qquad\qquad Gl.18$$

Es ist leicht zu erkennen, daß der Quotient in den allgemeinen Formeln dem Anstieg der Geraden entspricht. Vorsicht ist daher bei horizontalen und vertikalen Geraden geboten, da hier eine Division durch 0 auftreten würde. Horizontale und vertikale Strecken treten in dem Simulationsmodell sehr häufig auf. Dies und die Tatsache, daß diese beiden Sonderfälle eine vereinfachte und damit schnellere Abstandsberechnung zulassen, macht die Verwendung der zusätzlichen, angepaßten Formeln (Gl.17 und Gl.18) sinnvoll.

Da sich bereits aus der Abstandsberechnung die Werte vorzeichenbehaftet ergeben, liegt es auch aus Gründen der besseren Unterscheidbarkeit nahe, die Verfahrwege mit Vorzeichen zu versehen.

Bezieht man alle Verfahrwege bzw. Abstände auf den Polygonzug des Werkzeugschlittens, dann sind alle Verfahrwege längs der positiven X- oder Z-Achsenrichtung positiv, Verfahrwege entgegen der Achsrichtung negativ. Auf diese Art und Weise ist der Abstand des Schlittens in jeder Richtung sowohl vom Werkstück, als auch von der Maschinenkontur zu bestimmen. Der jeweils kleinste Wert ist dann der maßgebliche für das Verfahren in diese Richtung.

<u>Berechnung der maximal möglichen Verfahrwege mit Bearbeitung:</u>

Im Gegensatz zur Kollisionsvermeidung ohne Bearbeitung, wo der Abstand Werkzeugschlitten - Werkstück genauso ermittelt wird, wie der Abstand Werkzeugschlitten - Maschine, ist hier ein Überlappen der aktiven Werkzeugschneide mit dem Werkstück möglich. Zur Bestimmung des Minimalabstandes von Werkzeugschlitten und Werkstück muß daher beachtet werden, daß die von der Schneide zerspanten Werkstückteile nicht mehr kollidieren können und daher im Kollisionsschutzsystem ausgeblendet werden müssen. Aus diesem Grund wird eine vorläufig bearbeitete Werkstückkontur vor der Abstandsbestimmung Werkzeugschlitten - Werkstück erzeugt. Die endgültige Kontur wird erst bestimmt, wenn der Verfahrvorgang in dieser Richtung abgeschlossen ist und die endgültige Schlittenposition feststeht.

Zur Bestimmung der vorläufigen Werkstückkontur läßt man simulativ die Schneide bis zu einer Maximaltiefe in das Werkstück eindringen. Diese Position darf nicht überschritten werden. Aus der so errechneten Endposition und dem Ausgangspunkt kann die vorläufige Werkstückkontur wie in Kapitel 3.5 beschrieben, errechnet werden (Bild 3.32).

Vor der Bestimmung der vorläufigen Werkstückkontur ist natürlich ein Test nötig, ob die Drehrichtung und die Drehzahl eine Bearbeitung mit dem aktiven Werkzeug zuläßt. Trifft dies nicht zu, darf das Werkzeug das Werkstück nicht berühren.

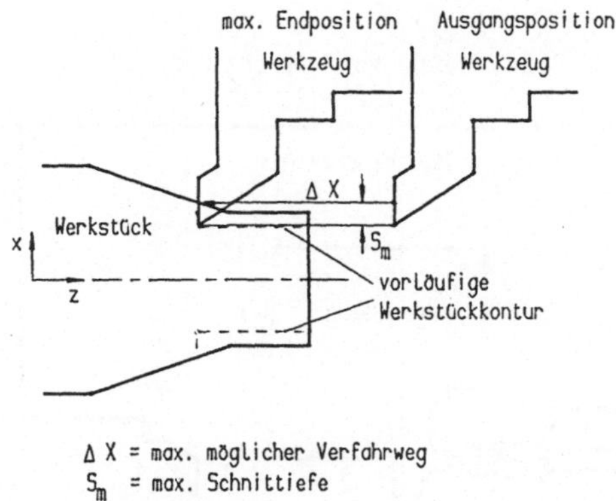

Bild 3.32: Bestimmung der vorläufigen Werkstückkontur beim Verfahren mit Bearbeitung.

Der Werkzeugwechsel:

Im Gegensatz zum Handverfahren des Schlittens in der Bearbeitungsebene ist beim Werkzeugwechsel schon vor der Auslösung der Funktion die Endposition bekannt, so daß die gleiche Methode angewendet werden kann, wie im Automatikbetrieb.

3.7.3 Referenzpunktfahren

Das Referenzpunktfahren muß nach jedem Einschalten der Maschine erfolgen, damit der Bezugspunkt für das Meßsystem ermittelt werden
kann. Diesen Vorgang führt die Steuerung folgendermaßen durch:

- Testen der Schlittenposition: liegt sie zu nahe am Referenzpunkt, so kann der Vorgang nicht gestartet werden;

- Verfahren des Schlittens in positive X-Richtung, bis der Referenzpunkt erreicht ist, der mit Hilfe des Referenzpunkt-
  schalters erkannt wird;

- Verfahren des Schlittens in Z-Richtung, bis zum Referenzpunkt.

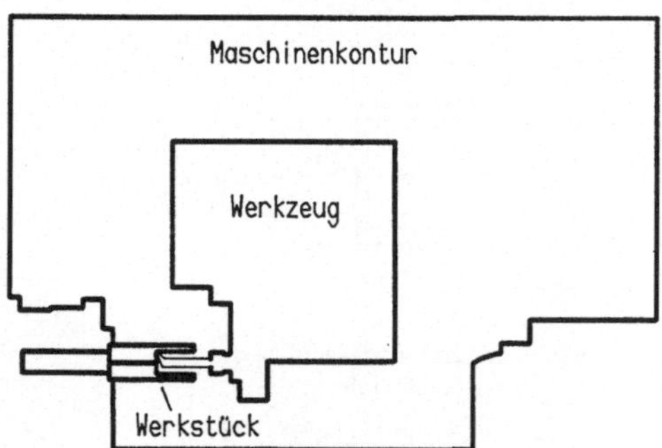

Bild 3.33: Ein Referenzpunktfahren aus dieser Situation heraus ist
nicht kollisionsfrei durchführbar.

Dabei kann die Situation auftreten, daß ein Werkzeug mit dem Werkstück kollidiert (Bild 3.33). Solche Fälle kann die Geometrieüberwachung erkennen, indem sie die Werkstückkontur und die Schlit-
tenstellung vor dem letzten Ausschalten im Speicher behält. Anhand
dieser Informationen überprüft sie, ob die Möglichkeit einer Kollision besteht. Im Normalfall wird an der Maschine im ausgeschalteten
Zustand nichts verändert, so daß von der weitgehendsten Übereinstimmung des internen Modells mit dem realen Maschinenzustand ausgegangen werden kann. Eine Ausnahme bilden allerdings Wartungs- und

Reparaturarbeiten. Es stellt aber keinen großen Aufwand dar, nach solchen Tätigkeiten die Maschine einzuschalten und einem Testlauf zu unterziehen. In diesem Fall muß der Kollisionsschutz inaktiviert werden, wobei jetzt der Bediener besonders auf mögliche Kollisionen aufpassen muß, da der Kollisionsschutz seine Aufgabe nicht mehr übernehmen kann.

Die Betriebsart Referenzpunktfahren kann jederzeit aufgerufen werden, so daß beispielsweise die Situation auftreten kann, daß während einer Innenbearbeitung das NC-Programm angehalten und das Referenzpunktfahren gestartet wird. Dieser Vorgang würde eine Kollision zur Folge haben. Der Kollisionsschutz muß dies vorher erkennen und darf das Referenzpunktfahren nicht zulassen.

Die Vorgehensweise der Geometrieüberwachung ist folgende:

- War die Maschine vorher ausgeschaltet, so muß die Situation vor dem Ausschalten wiederhergestellt werden.

- Simulieren des Verfahren im Eilgang von der aktuellen Position aus in X-Richtung bis zum entsprechenden Referenzpunkt (zur Kollisionsprüfung wird die gleiche Methode wie im Automatikbetrieb angewandt).

- Anschließende Simulation des Verfahrens im Eilgang in Z-Richtung bis zum Referenzpunkt mit Kollisionsprüfung.

- Wird eine Kollision erkannt, wird dies dem Bediener mitgeteilt und die Ausführung des Vorgangs kann nicht gestartet werden.

3.7.4 Betriebsartwechsel

Der Betriebsartwechsel kann nur stattfinden, wenn die Maschine stillsteht. Insofern ist der Wechsel der Betriebsarten ohne besondere Vorkehrungen möglich. Eine Ausnahme bildet jedoch das Umschalten aus der Betriebsart "Automatik" oder "Einzelsatz" in eine andere Betriebsart, wenn das NC-Programm vor dessen Beendigung abgebrochen worden ist. Wie in Kapitel 3.4.4 beschrieben wurde, überprüft die Geometrieüberwachung die NC-Verfahrsätze vor der eigentlichen Ausführung, die dann in der Steuerung zwischengepuffert werden. Aus diesem Grund ist die Simulation einige Schritte weiter, als die Maschine. Wird das Programm abgebrochen, so stimmt die interne Schlittenposition und die der Maschine nicht überein (Bild 3.34). Dieser Fehler muß korrigiert werden, bevor die Maschine in einer anderen Betriebsart verfahren werden kann, weil der Kollisionsschutz sonst von falschen Voraussetzungen ausgeht. Zur Korrektur der Schlittenposition müssen folgende Teilschritte unternommen werden:

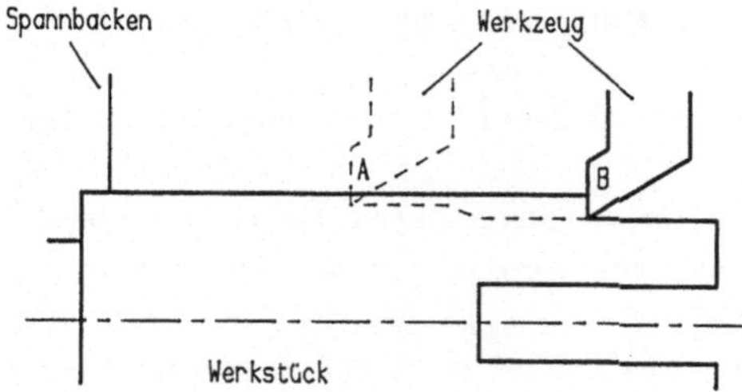

Bild 3.34: Nach dem Anhalten eines NC-Programmes stimmt die Schlittenposition der Simulation (A) nicht mit der realen (B) überein.

- die bereits auf Kollisionen überprüften NC-Sätze müssen bis nach der vollständigen Ausführung zusammen mit der Werkstückkontur vor diesem Satz in der Geometrieüberwachung gespeichert werden.

- Wird das NC-Programm vorzeitig abgebrochen und die Betriebsart "Einzelsatz" oder "Automatik" verlassen, so muß der Geometrieüberwachung der zuletzt in Bearbeitung befindliche NC-Satz mit der aktuellen Schlittenposition von der Steuerung übermittelt werden.

- Aus dem Startpunkt dieses Verfahrsatzes und der momentanen Schlittenposition läßt sich unter Berücksichtigung der restlichen Daten ein neuer NC-Satz generieren. Der ursprüngliche Zielpunkt, der noch nicht erreicht worden ist, wird durch die aktuelle Istposition des Schlittens ersetzt.

- Statt des ursprünglichen NC-Satzes, wird der nur teilweise ausgeführte neu generierte NC-Satz simulativ ohne Kollisionsprüfung durchgeführt, wodurch die aktuelle Werkstückkontur aus der momentanen Schlittenposition erzeugt wird, die für ein weiteres Verfahren zum Beispiel im Handbetrieb nötig ist (Bild 3.35).

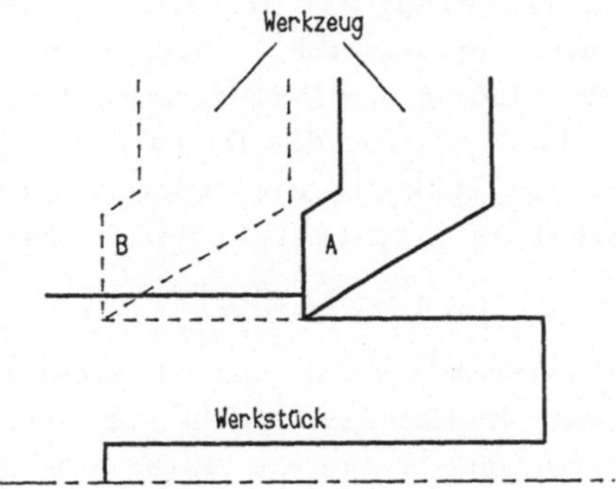

Bild 3.35: Generierung eines teilweise durchgeführten NC-Satzes A aus dem ursprünglichen NC-Satz B.

Bei allen anderen Betriebsartwechseln entspricht die reale Schlittenposition immer der des internen Modells, wodurch die oben gezeigte Anpassung nicht nötig wird.

3.8 Schnittstelle zum Benutzer

Am besten wäre ein Kollisionsschutzsystem, das keine Eingaben vom Bediener benötigt, wodurch Bedienungsfehler vermieden werden können. Alle notwendigen Geometrieinformationen sollte der Kollisionsschutz automatisch über Sensoren ermitteln, wie

- Rohteilkontur,
- Werkzeugbelegung mit den Werkzeugmaßen,
- Kontur der Spannbacken und der Reitstockspitze.

Die Informationen bezüglich des Maschinenzustandes werden von der Steuerung bereitgestellt. Dieser Idealfall kann jedoch im momentanen Entwicklungsstadium nicht erreicht werden. Zumindest die Rohteilkontur und die Werkzeugbelegung mit den Werkzeugmaßen müssen vom Bediener eingegeben werden. Dazu sind entsprechende, leicht zu bedienende Hilfsmittel zur Verfügung zu stellen, wobei zwei Möglichkeiten zur Kontureingabe implementiert wurden. Eine Möglichkeit ist die Konturprogrammierung mit Hilfe eines komfortablen CAD-Systems, das allerdings erst sinnvoll wird, wenn eine durchgängige DNC-Struktur eine Verbindung vom Rechensystem der Arbeitsvorbereitung zur Maschine besteht, um die Daten einfach übertragen zu können. Die zweite Möglichkeit, die schon mit heutigen Mitteln sinnvoll realisierbar ist, besteht in der Eingabe direkt an der Maschine.

Das Kollisionsschutzsystem verlangt jedoch nicht nur Eingaben vom Bediener, sondern muß im Kollisionsfall auch entsprechende Fehlermeldungen ausgeben, damit die Kollisionsursache leicht festgestellt werden kann.

3.8.1 CAD-Koppelung für die Modellierung von Konturen

Durch den zunehmenden Einsatz von CAD/CAM in der Konstruktion und in der Arbeitsvorbereitung erscheint es sinnvoll, die Geometriedaten für den Kollisionsschutz schon in der Arbeitsvorbereitung mit Hilfe von leistungsfähigen Rechnern zu erstellen. Diese Rechner verfügen über Hilfsmittel, wie Datenbanken und CAD/CAM-Systeme, die dazu sinnvoll eingesetzt werden können. Eine Testimplementation sollte die Durchführbarkeit demonstrieren.

CAD-Systeme sind hervorragend geeignet, die benötigten Geometrien von Werkzeugen, Spannmitteln und Rohteilen zu modellieren. Unter Umständen kann bereits auf vorhandene Daten zurückgegriffen werden.

Da sich die Datenbasis von CAD-Systemen von der des Kollisionsschutzes unterscheidet, muß ein spezielles Programm die Geometriedaten, die von einem CAD-System erstellt worden sind, in ein für
den Kollisionsschutz geeignetes Format umsetzen. Am Beispiel des
CAD-Systems EUCLID von Matra Datavision, das auf einer Rechenanlage
vom Typ VAX 750 installiert ist, wurde dies für die Werkzeugmodel-
lierung demonstriert.

Die Modellierung der Werkzeuge selbst kann ganz normal mit Hilfe
der Standard-Euclid-Funktionen oder mit einer eigens dafür ge-
schriebenen Euclid-Anwendung erfolgen, die die speziellen Belange
der Werkzeugkonstruktion berücksichtigt. Bei der Modellierung mit
der Euclid-Anwendung können so bereits vordefinierte Normschneid-
platten mit Normhaltern und den Kassetten zu einem Werkzeug zusammengesetzt werden, wodurch sich eine große Zeitersparnis und Ver-
einfachung in der Anwendung erzielen läßt. Die fertigen Werkzeuge
werden dann als Euclid-Objekte abgespeichert. Um die für den Kollisionsschutz benötigten Geometriedaten zu erhalten, muß diese dreidimensionale Datenbasis in der Weise umgeformt werden, daß die zwei
benötigten Schattenrisse in der XY- und der XZ-Ebene erhalten werden können (Kapitel 3.3.4). Die Umformung der Daten erfolgt in
der Fortran-Programmumgebung von Euclid. In dieser Programmumgebung
stehen Dienstprogramme von Euclid zur Verfügung, mit deren Hilfe
auf die Daten zugegriffen werden kann. Auf eine weitergehende
Beschreibung dieser Methode soll hier nicht eingegangen werden. Sie
ist ausführlich in /N1/ in Verbindung mit /NN3, NN4/ beschrieben.

3.8.2 Interaktive Modellierung der Konturzüge im Kollisionsschutz-system

Um auf einfache Weise Konturzüge eingeben oder ändern zu können,
muß eine Eingabemöglichkeit vorhanden sein, die sich

- leicht erlernen und
- schnell bedienen

läßt. Sie soll dabei folgende Möglichkeiten bieten, die durch eine menuegesteuerte Führung des Benutzers einfach durchzuführen sind:

- die graphische Darstellung bereits erzeugter Konturen;
- Ändern einer Kontur durch Einfügen, Verschieben oder Löschen von Punkten in mehreren Ansichten;
- Vermaßen einer Kontur und maßstabsgerechte Darstellung;
- Abspeichern und Verwalten mehrerer Konturzüge.

Der Benutzer hat die Möglichkeit, neue Konturzüge zu erzeugen oder schon vorhandene zu ändern. Soll eine Veränderung einer vorhandenen Kontur - es kann sich dabei um Werkzeuge, Werkstückkonturen, Reitstockspitzen, Spannfutter und -backen handeln - erfolgen, so wird davon eine Arbeitskopie erstellt und in den Arbeitspuffer geladen. Dadurch wird ein unbeabsichtigtes Ändern der ursprünglichen Kontur verhindert. Die Arbeitskopie kann jedoch entsprechend verändert werden. Sind alle Modifikationen erfolgt, so wird diese Kontur entweder unter einem neuen Namen abgespeichert, anstelle der alten Kontur abgelegt, oder gelöscht, falls sie nicht mehr benötigt wird.

Nachdem eine Kontur in den Arbeitspuffer geladen worden ist, wird sie über die Graphikausgabe auf dem Monitor angezeigt. Mit Hilfe der Tastatur kann man ein Fadenkreuz (Cursor) auf dem Bildschirm bewegen und so Punkte anwählen, die zu modifizieren sind. Mit dem Fadenkreuz wird auch die Stelle bestimmt, an der ein neuer Punkt erzeugt werden soll. Auf diese Weise kann eine Kontur geändert oder näherungsweise eingegeben werden. Ist dies abgeschlossen, so werden alle Punkte vermaßt, wodurch die genaue Abmessung der Kontur definiert wird. Zu diesem Zweck fragt das System die Koordinaten eines jeden Punktes ab. Im Anschluß daran wird die Kontur maßstabsgetreu auf dem Bildschirm abgebildet. Dieser Vorgang kann beliebig oft wiederholt werden.

Bei Außenwerkzeugen stellt sich die zusätzliche Forderung, daß sowohl ein Schattenriß in der XZ-Ebene, als auch in der XY-Ebene modelliert werden muß. Beide Risse müssen dazu auf dem Bildschirm gleichzeitig dargestellt werden, da darauf geachtet werden muß, daß beide Risse in einem Zusammenhang bezüglich der Abmessungen zueinander stehen. Der Benutzer muß eventuelle Änderungen in beiden Rißdarstellungen durchführen. Das dreidimensionale Werkzeug läßt sich auf diese Weise mit einfachen Mitteln in den erforderlichen zwei Schattenrissen modellieren.

3.8.3 Graphische Ausgabe

Die graphische Darstellung der Konturzüge stellt einen wichtigen Aspekt der Benutzerfreundlichkeit dar. Sie ermöglicht eine übersichtliche Anzeige der momentanen Form und Lage der einzelnen Konturzüge. Damit eine Übersichtsdarstellung genauso wie eine Detaildarstellung möglich ist, muß das Graphikmodul in der Lage sein, beliebige Ausschnittsvergrößerungen zu zeigen.

Als Anzeigegerät wurde im Versuchsstadium ein Graphikterminal der Firma Tektronix oder ein dazu kompatibles Gerät verwendet, weil es für die Darstellung von Vektoren sehr gut geeignet ist. Der Bildaufbau reduziert sich daher im wesentlichen auf die Ausgabe der Polygonpunkte in der abgespeicherten Reihenfolge. Es werden nur die Grundfunktionen des Terminals verwendet, damit leicht auf ein anderes Terminal umgestellt werden kann und die praktische Implementierung an der Maschine vereinfacht wird.

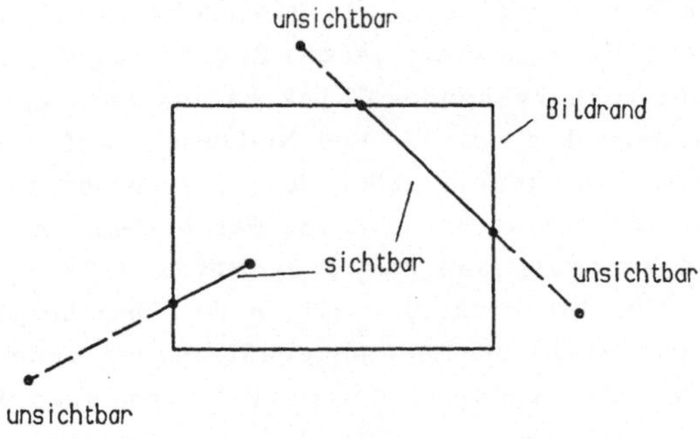

Bild 3.36: Geraden, die über den Bildrand ragen, müssen am Bildrand abgeschnitten (geclippt) werden.

Eine weitere Forderung ist, daß sowohl der Darstellungsmaßstab als auch die Lage des Bildausschnittes frei wählbar ist. Bei der Ausführung mußte allerdings darauf geachtet werden, daß alle Punkte, die nicht mehr in dem darstellbaren Bildbereich liegen, ausgeblendet werden, weil sonst ungültige Punkte und Vektoren das Bild stören. Dies erfolgte durch einen sogenannten Clippingalgorithmus, wobei der Cohen-Sutherland-Algorithmus besonders gut geeignet ist /F1/. Eine Strecke, die über den Bildrand hinausragt, wird dabei am Bildrand abgeschnitten. Dazu wird dieser Schnittpunkt der zu clippenden Geraden mit dem Bildrand errechnet und anstelle des außerhalb liegenden Punktes ausgegeben (Bild 3.36).

3.8.4 Verwaltung der Konturdateien

Es gibt 5 Dateien im Kollisionsschutzsystem, die folgende Objekte beinhalten:

- Werkzeuge,
- Werkstücke,
- Spannfutter,
- Spannbacken und
- Reitstockspitzen.

Auf sie wird über je einen Zeiger zugegriffen, der auf den ersten gespeicherten Elementkopf zeigt. In diesem Elementkopf steht der Elementname, Elementparameter, je ein Zeiger auf den Elementkopf des nächsten und vorhergehenden Objektes und zwei Zeiger auf die ersten Koordinatenpunkte der XZ- und XY-Ebene (auf alle folgenden Koordinatenpunkte kann jeweils über den vorhergehenden zugegriffen werden). Diese Datenstruktur wird von Pascal sehr gut unterstützt und bietet den Vorteil, daß damit dynamische Felder aufgebaut werden können. Dies ist wichtig, weil so der Speicherplatz auf die jeweilige Elementanzahl optimal angepaßt werden kann. Der letzte Elementkopf schließt wieder an den ersten Elementkopf an, so daß eine Ringstruktur entsteht. In Bild 3.37 ist diese Struktur dargestellt. Durch Umsetzen der Zeiger kann leicht ein neues Objekt an der gewünschten Stelle eingesetzt oder ein altes gelöscht werden.

Wird ein bestimmtes Objekt in der Datei gesucht, sei es vom Kollisionsschutz oder vom Editierprogramm (Kapitel 3.8.2), wird ausgehend vom ersten Kopfelement jedes Nachfolgeelement geprüft, ob es
das gewünschte Objekt darstellt. Dies wird solange wiederholt, bis
entweder das gesuchte Objekt gefunden oder das erste Objekt nach
einem vollen Durchgang wieder erreicht wird. Erfolgt der Suchvor-
gang ergebnislos, wird er nach einem Durchgang mit einer Meldung an
den Bediener abgebrochen. Ist er jedoch erfolgreich, so kann über
den Elementkopf auf die Koordinatenkette zugegriffen werden.

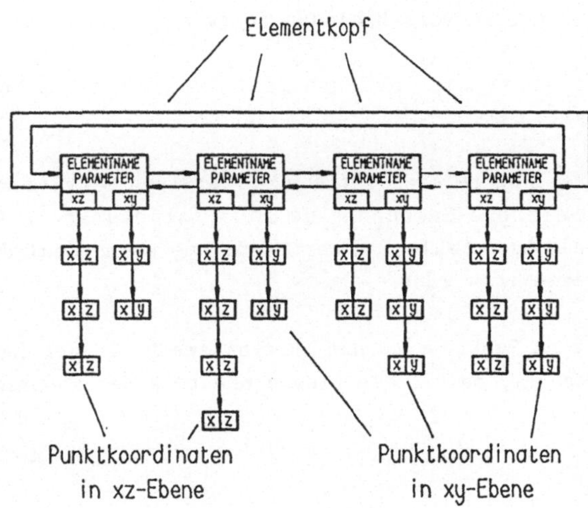

Bild 3.37: Struktur der Datenbasis für die Konturdateien.

3.8.5 Status- und Fehleranzeige

Um im Fall einer Kollisionsmeldung die Ursache feststellen zu
können, ist es sinnvoll, eine möglichst umfangreiche Status- und
Fehleranzeige auszugeben, wobei folgende Daten von Interesse sind:

- graphische Anzeige der vollständigen Kollisionssituation mit
  genauer Lage und Form des Werkstücks, des Werkzeugschlittens

und aller weiteren relevanten Maschinenteile zusammen mit dem Verfahrweg des Schlittens;

- Ausgabe des fehlerhaften NC-Satzes;

- Ausgabe aller aktuellen technologischen Daten zusammen mit ihren zulässigen Grenzwerten;

- Zu Testzwecken eine Anzeige aller Strecken, die sich schneiden zusammen mit den Verschneidungsbedingungen und mit Angabe der Module, die eine Verschneidung festgestellt haben;

- Für Testzwecke die internen Zustandsgrößen des Kollisionsschutzsystems.

Die ersten drei Punkte sind für den allgemeinen Betrieb wichtig, da sie für eine sichere Erkennung der Kollisionsursache von großer Bedeutung sind. Auch Fehler in der Steuerung können auf diese Weise leicht festgestellt werden.

Die zwei letzten Punkte sind nur für Testzwecke in der Implementierungsphase gedacht, da sie die genaue Kenntnis des Programmablaufes voraussetzen.

4 Bahnüberwachung

4.1 Anforderungsprofil für die Bahnüberwachung

Die Betriebssicherheit von NC-Maschinen kann durch redundante Hardware wesentlich erhöht werden. Deshalb soll die Bahnüberwachung als zusätzlicher Steuerungsbaustein unabhängig von der Bahnsteuerung deren Funktion überwachen. Ein umfassender Kollisionsschutz muß nicht nur die Auswirkungen von Bedienungsfehlern, sondern auch Kollisionen verhindern, die durch Fehlfunktionen der Maschine und der Steuerung auftreten.

Die Bahnüberwachung hat zur Aufgabe, die Ausführung möglichst aller Bewegungen, die in einer NC-Drehmaschine auftreten können, auf ihre korrekte Ausführung hin zu überprüfen. Dazu zählen folgende Bewegungsabläufe:

- das Verfahren des Werkzeugschlittens;
- das Verfahren des Reitstockes;
- das Verfahren der Lünette;
- der Werkzeugwechsel;
- die Drehung der Hauptspindel mit Werkstück.

Diese Aufgabe muß von einem System wahrgenommen werden, das in der Funktionsweise von der Steuerung unabhängig ist, also nicht durch eine Fehlfunktion der Steuerung beeinträchtigt werden kann. Für den Informationsaustausch muß jedoch eine Schnittstelle zur Steuerung existieren, über die die nötigen Daten übermittelt werden können. Falls im Fehlerfall die übertragenen Daten inkonsistent sind (Fehlfunktion der Steuerung), müssen entsprechende Maßnahmen eingeleitet werden. Auf keinen Fall darf die Bahnüberwachung durch einen Steuerungsfehler in ihrer Funktion gestört werden. Als eine weitere Forderung ist ein preisgünstiger Aufbau mit möglichst standardmäßigen Bauteilen zu sehen, da spezielle Sonderschaltungen teuer und schlecht zu warten sind.

Die Bahnüberwachung muß eine möglichst kurze Reaktionszeit haben, um den Schlitten rechtzeitig anhalten zu können. Das bedeutet, daß die Istposition möglichst häufig auf eventuelle Abweichungen von der Sollposition hin überprüft wird. Dabei ist zu berücksichtigen, daß in der Praxis der Werkzeugschlitten immer eine Abweichung von der Sollbahn aufweist, die ihre Ursache in der Verformung der Maschine durch die Schnittkräfte und in dem Regelverhalten der Antriebe hat /W2/. Diese Abweichung muß toleriert werden, damit kein Fehlalarm ausgelöst wird.

4.1.1 Verfahren des Werkzeugschlittens

Fehlerhafte Verfahrbewegungen des Werkzeugschlittens sind die Hauptursachen von Kollisionen, da der Werkzeugschlitten besonders häufig im gesamten Arbeitsraum mit hohen Verfahrgeschwindigkeiten verfahren wird. Die Steuerung des Schlittens übernimmt eine Bahnsteuerung, die in der Lage ist, eine programmierte geometrische Form der Bahn genau nachzufahren. Es werden dabei in der Regel folgende Bahninterpolationen ermöglicht:

- Geradeninterpolation;
- Kreisinterpolation.

Die Bahnüberwachung muß bei allen Schlittenbewegungen überprüfen, ob Abweichungen von der Sollbahn auftreten, wobei der Schleppabstand (der Schleppfehler ΔS ist die Regeldifferenz des Vorschubantriebsystems) berücksichtigt werden muß. Es kann davon ausgegangen werden, daß der programmierte Verfahrweg selbst aufgrund der Überprüfungen durch das Modul "Geometrieüberwachung" kollisionsfrei ist. Tritt eine Abweichung von der programmierten Bahn auf, muß der Schlitten sofort angehalten werden, weil anzunehmen ist, daß die Steuerung die Kontrolle über den Schlitten verloren hat und somit eine Kollision möglich wird. Folgende Gründe können für das fehlerhafte Verfahren des Werkzeugschlittens in Frage kommen:

- Ausfall eines Meßsystems: Der Lageregelkreis versucht die scheinbare Abweichung von der Sollposition durch ein beschleunigtes Verfahren der Achse, deren Meßsystem ausgefallen ist, auszugleichen. Der Schlitten bricht in Richtung dieser Achse aus. Da gültige Meßwerte fehlen, wird die Zielposition nicht erkannt, so daß ein kontrollierter Abbruch der Bewegung durch die Steuerung sehr unwahrscheinlich ist. Bei hohen Verfahrgeschwindigkeiten kommt es in der Regel zu einem größeren Schaden an Maschine und Werkstück.

- Ausfall des Antriebes oder der Leistungselektronik mit dem Lageregelkreis: Dieser Fehler verursacht ein unvorhersehbares Verhalten der betroffenen Achse, so daß ein Abweichen von der Sollbahn äußerst wahrscheinlich ist. Viele Steuerungen sind jedoch in der Lage, Fehler dieser Art aufgrund von Zustandssignalen der entsprechenden Baugruppen zu erkennen, wodurch die Kollisionsgefahr vermindert wird. Es ist allerdings nicht sichergestellt, daß die Steuerung schnell genug reagiert oder daß sie in der Lage ist, einen eventuell hochlaufenden Antrieb zu stoppen. Die Bahnüberwachung muß in diesem Fall die Möglichkeit haben, den Antrieb unter Umgehung der Ansteuerelektronik zum Beispiel durch Unterbrechen der Versorgungsspannung anzuhalten.

- Fehlerhaftes Arbeiten der Steuerung oder des Interpolators: Ein Versagen dieser Teile führt zu vollkommen unkontrollierbaren Bewegungen des Schlittens. Auch hier ist es zweckmäßig, daß die Bahnüberwachung die Schlittenbewegung unter Umgehung von Steuerungsfunktionen schnellstmöglich zum Stehen bringt, da von einem vollkommenen Steuerungsausfall auszugehen ist. Eventuelle Stoppanweisungen der Bahnüberwachung an die Steuerung sind dann wirkunkslos.

4.1.2 Verfahren von Reitstock und Lünette

Reitstock und Lünetten werden, falls überhaupt vorhanden, meist nur beim Spannen des Werkstückes bewegt. Häufig haben sie auch keine eigenen Antriebe und Meßsysteme, um die Position festzustellen, sondern werden vom Schlitten geschleppt: mit Hilfe eines einfachen Rastmechanismus werden sie am Schlitten eingeklinkt, im Handbetrieb

an die gewünschte Position gezogen und dann mechanisch geklemmt.
Bei dieser Vorgehensweise muß die Bahnüberwachung nur die Schlittenbewegung überwachen.

Haben diese Systeme eigene Antriebe, hat die Bahnüberwachung diese
Bewegungen direkt zu überwachen. Da sie nur eindimensional bewegt
werden können, reduziert sich jedoch der Überwachungsaufwand erheblich, denn es muß nur die Verfahrrichtung und das Erreichen des
Zielpunktes verifiziert werden.

4.1.3 Werkzeugwechsel

Der Werkzeugwechsel wird bei Drehmaschinen hauptsächlich durch eine
Drehung des Werkzeugrevolvers erreicht. Die Aufgabe der Bahnüberwachung besteht dabei in der Überprüfung, ob das richtige Werkzeug
eingeschwenkt wird. Ist dies nicht der Fall, so können die nachfolgenden Bearbeitungsschritte zu Kollisionen führen, weil die Werk-
zeugabmessungen nicht mehr mit den im Programm und von der Geometrieüberwachung angenommenen Werten übereinstimmen. Die Bahnüberwachung muß daher über eine zusätzliche Meßeinrichtung die richtige
Stellung des Werkzeugrevolvers überprüfen können.

4.1.4 Drehung der Hauptspindel mit Spannfutter und Werkstück

Die Drehbewegung der Hauptspindel mit Spannfutter und Werkstück ist
als eindimensionale Bewegung nicht so kritisch wie die des Werkzeugschlittens. Die Funktionen der Hauptspindel können durch einfache Maßnahmen überwacht werden:

- die Hauptspindel darf nur anlaufen, wenn das Werkstück ge-
  spannt ist;

- die programmierte Drehzahl muß innerhalb gewisser Grenzen
  eingehalten werden und die Drehrichtung korrekt sein;

- falls die Steuerung in der Lage ist, programmierte Winkelstellungen der Hauptspindel anzufahren (zum Beispiel für Bearbeitungen mit angetriebenen Werkzeugen), muß das Einhalten dieser Position überwacht werden.

4.2 Lösungsansatz für die Bahnüberwachung

Die Überwachung der Bahn erfolgt in der Weise, daß aus den Verfahrbefehlen, die vom Bediener direkt oder vom NC-Programm ausgelöst werden, eine Sollbahn errechnet wird. Die Position aller beweglichen Maschinenteile wird laufend von der Bahnüberwachung gemessen. Die Meßwerte dürfen von der errechneten Sollbahn nur um einen bestimmten Betrag abweichen. Tritt eine unzulässige Abweichung auf, so müssen unmittelbar alle Bewegungen angehalten werden. Zusätzlich zu dieser Überwachung ist es zweckmäßig, die von der Steuerung benötigten Werte auf Plausibilität hin zu überprüfen.

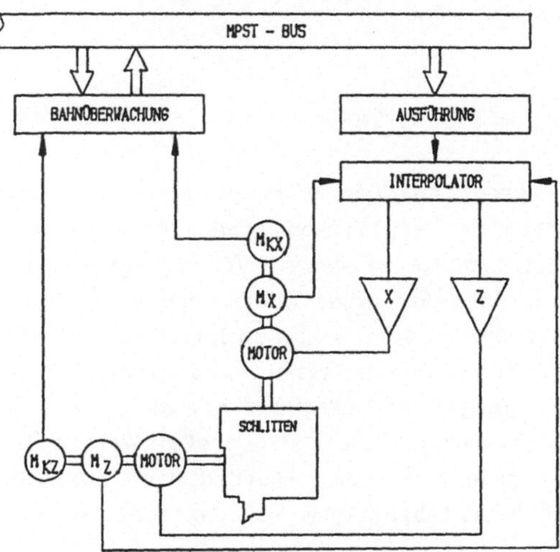

Bild 4.1 : Mit Hilfe eines zusätzlichen Meßsystems (M_{kx}, M_{kz}) kann die Bahnüberwachung Störungen im gesamten Antriebszweig erkennen. M_x, M_z im Bild sind das Hauptmeßsystem.

Wichtig für eine sichere Arbeitsweise sind zuverlässige Meßwerte der Schlittenposition, der Drehzahl der Hauptspindel und der Stellung des Werkzeugrevolvers. Da die Meßsysteme eine häufige Fehlerursache darstellen /S17,R2/, muß damit gerechnet werden, daß die Positionsangaben, die von der Steuerung gemeldet werden, fehlerhaft sind. Um diese Fehlerquelle ausschalten zu können, ist der Einsatz eines zweiten, unabhängigen Meßsystems für alle wichtigen Achsen im Betrieb sinnvoll (Bild 4.1), denn dadurch werden Ausfälle der Meßsysteme sicher erkannt. Aus Redundanzgründen wird jedoch zusätzlich die von der Steuerung gelieferte Istposition ausgewertet.

Ein sicheres Anhalten der Maschine im Fehlerfall ist genauso wichtig, wie das Erkennen des Fehlers selbst. In Kapitel 4.5.4 werden verschiedene Maßnahmen dazu vorgestellt.

Um in jeder Betriebsart eine sichere Funktion der Maschine zu gewährleisten, müssen die Prüfverfahren den jeweiligen Besonderheiten angepaßt werden, damit in jeder Betriebsart ein Maximum an Sicherheit erreicht wird.

4.3 Bestimmung der Sollwerte

Die Sollwerte werden aus den NC-Daten errechnet, die dann mit den gemessenen Werten zu vergleichen sind. Verschiedene Verfahren zur Berechnung der Sollwerte werden in /C1/ vorgestellt. Darin ist das Hauptaugenmerk jedoch auf eine Überwachung der optimalen Fertigungsgenauigkeit gerichtet, wogegen Kollisionen nur nebenbei berücksichtigt werden. Die Verfahren sind daher auf Genauigkeit und nicht auf Reaktionsgeschwindigkeit hin optimiert. Für ein reines Kollisionsschutzsystem muß aber ein großer Wert auf die Reaktionsgeschwindigkeit gelegt werden, während eine ausreichende Genauigkeit des Vorschubantriebssystems vorausgesetzt werden kann.

4.3.1 Lineare Bewegung

Zwei Punkte definieren einen linearen Verfahrweg. Der Startpunkt (X_S, Z_S) ist die momentane Istposition des Schlittens vor dem Verfahrbefehl, der in der Regel dem Endpunkt des vorhergehenden Satzes entspricht. Der zweite Punkt ist die programmierte Zielposition (X_E, Z_E). Diese Werte müssen so aufbereitet werden, daß die Überprüfung, ob sich der Schlitten mit den Koordinaten (X_P, Z_P) auf einer Geraden zwischen diesen beiden Punkten bewegt, möglichst schnell durchgeführt werden kann. Zu diesem Zweck muß eine geeignete Geradengleichung eingesetzt werden. Ausgegangen wird von der 2-Punkte-Form der Geradengleichung:

$$\frac{Z_P - Z_S}{X_P - X_S} = \frac{Z_E - Z_S}{X_E - X_S}; \qquad\qquad Gl.19$$

die auch in der Art

$$A\,X_P - B\,Z_P + C = 0; \qquad\qquad Gl.20$$

mit

$$A = Z_E - Z_S; \qquad\qquad Gl.21$$
$$B = X_E - X_S; \qquad\qquad Gl.22$$
$$C = B\,Z_S - A\,X_S; \qquad\qquad Gl.23$$

dargestellt werden kann. Normiert man die Gleichung mit dem Faktor

$$N_{norm} = \sqrt{(A^2 + B^2)}\ ; \qquad\qquad Gl.24$$

kann man den Abstand eines Punktes (X_P,Z_P) von der Geraden direkt errechnen:

$$\frac{A}{N_{norm}}\,X_P - \frac{B}{N_{norm}}\,Z_P + \frac{C}{N_{norm}} = D; \qquad\qquad Gl.25$$

Dieser Abstand D darf einen maximalen Abstand D_{max} nicht überschreiten, wobei es in der Praxis günstig ist, folgende Darstellungsform zu wählen:

$$\left| M\,X_P - Z_P + T \right| \; < \; D_{norm,max} \qquad\qquad Gl.26$$

mit

$$M = \frac{A}{B}; \qquad\qquad Gl.27$$

$$T = Z_S - M\,X_S; \qquad\qquad Gl.28$$

$$D_{norm,max} = D_{max}\,\sqrt{1 + M^2}\;; \qquad\qquad Gl.29$$

Diese Gleichung ist nicht für den Sonderfall

$$(X_E - X_S) = 0;\;(\text{ Gerade parallel zur } Z\text{-Achse }) \qquad\qquad Gl.30$$

geeignet. Das Problem läßt sich umgehen, indem man die Koordinaten X und Z vertauscht, falls M > 1 ist. Dies entspricht einer Spiegelung an der Geraden mit einer Steigung von 45 Grad.

In der NC-Satz-Aufbereitungsphase können bereits viele Parameter ermittelt werden, so daß in der Testphase nur noch wenige Operationen nötig werden. Dazu müssen in der Aufbereitungsphase folgende Rechenschritte durchgeführt werden:

- Errechnung von $A = Z_E - Z_S$;
- Errechnung von $B = X_E - X_S$;
- Errechnung von $M = \frac{A}{B}$;

- falls M>1: Vertauschung von X und Z in allen Rechenoperationen;
- Errechnung von $T = Z_S - M\,X_S$;
- Errechnung von $D_{norm,max} = D_{max}\,\sqrt{1 + M^2}$;

In der Testphase läßt sich durch Einsetzen der Meßpunkte in die Gleichung 26 schnell ermitteln, ob der Meßpunkt sich innerhalb des erlaubten Abstandes von der Sollgeraden befindet. Dazu sind nur

1 Multiplikation,
2 Additionen/Subtraktionen,
1 Absolutwertbildung und
1 Vergleich

- 87 -

nötig. Diese Rechenschritte allein reichen jedoch noch nicht aus, um sicherzustellen, daß der Werkzeugschlitten nicht über den Zielpunkt hinausgefahren ist. Dies muß zusätzlich getestet werden (Bild 4.2).

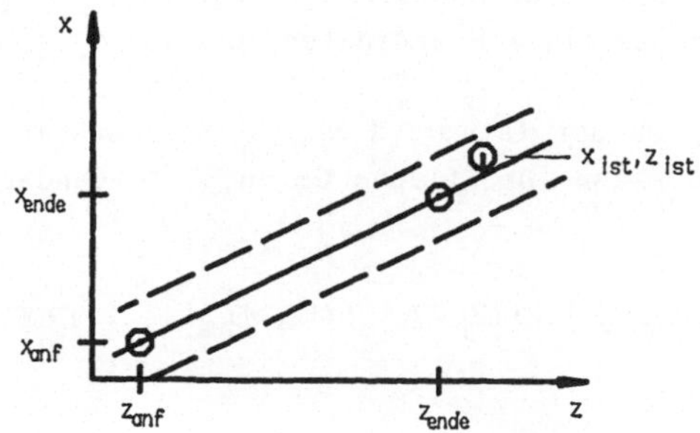

Bild 4.2 : Die Bahnüberwachung muß nicht nur das Einhalten eines maximalen Abstandes von der Geraden überwachen, sondern auch das Überfahren der Endpunkte, wie es im Bild erfolgt ist.

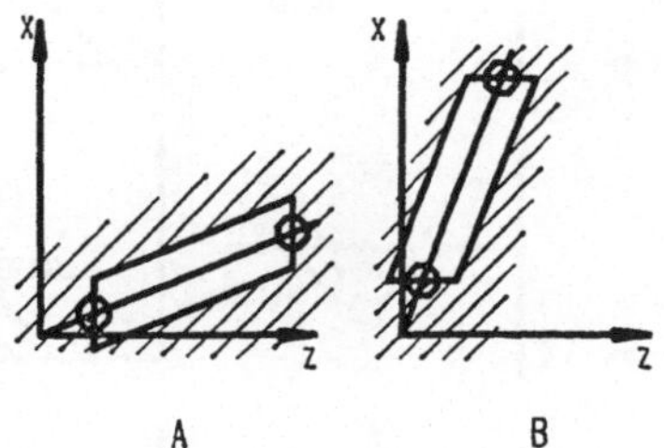

Bild 4.3 : Festlegung des erlaubten Bereiches bei "flachen" (A) und bei "steilen" (B) Geraden.

Auch hier muß eine Unterscheidung zwischen M<1 und M>1 getroffen werden. Bei flachen Geraden (M<1) werden die Grenzen parallel zur X-Achse festgelegt. Bei steilen Geraden (M>1) werden die Grenzen parallel zur Z-Achse festgelegt (Bild 4.3). Im Folgenden soll nur eine "flache Gerade" behandelt werden. Bei "steilen Geraden" gilt die gleiche Vorgehensweise, nur mit vertauschten Koordinatenachsen.

Damit ein mögliches Überschreiten der Endpunkte erkannt werden kann, ist die Unterscheidung zu treffen, in welche Richtung sich der Schlitten bewegt.

- Verfahren in positiver Koordinatenrichtung $Z_S < Z_P < Z_E$;
- Verfahren in negativer Koordinatenrichtung $Z_S > Z_P > Z_E$.

Eine Überprüfung, ob der Istwert (X_P, Z_P) innerhalb des zulässigen Bereiches ist, kann für "flache Geraden" folgendermaßen durchgeführt werden:

$$((Z_P + \Delta S_z) > (Z_S - D_{max})) \wedge ((Z_P + \Delta S_z) < (Z_E + D_{max})) = \text{TRUE};$$
für $(Z_S < Z_E)$;

$$\text{Gl. 31}$$

$$((Z_P + \Delta S_z) > (Z_E - D_{max})) \wedge ((Z_P + \Delta S_z) < (Z_S + D_{max})) = \text{TRUE};$$
für $(Z_S > Z_E)$;

$$\text{Gl. 32}$$

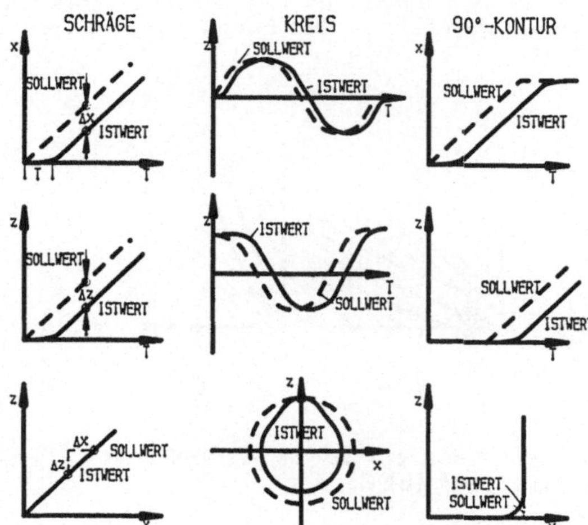

Bild 4.4 : Auswirkung des Schleppfehlers auf die Istbahn. /W2/

Im Gegensatz zur Überprüfung des seitlichen Abstandes ist in diesem Fall der Schleppfehler (ΔS_x, ΔS_z) mit zu berücksichtigen, da er eine Verschiebung in Vorschubrichtung bewirkt. Der Schleppfehler ist vom Regelverhalten des Vorschubantriebsystems abhängig und ist proportional der momentanen Vorschubgeschwindigkeit. Aus Bild 4.4 geht hervor, welchen Einfluß der Schleppfehler auf die Bahn hat. Den Schleppfehler erhält die Bahnüberwachung von der Steuerung und überprüft ihn auf Plausibilität, indem sie ihn mit dem Sollwert vergleicht, den sie aus der programmierten Vorschubgeschwindigkeit errechnet.

Die Berücksichtigung des Schleppfehlers spielt auch beim Satzwechsel eine besondere Rolle, da er ein Verschleifen der Eckpunkte hervorruft. Aus Bild 4.5 wird deutlich, daß der Werkzeugschlitten wegen des Schleppfehlers den Endpunkt noch nicht erreicht hat, obwohl der neue NC-Satz bereits gestartet worden ist. Der Schlitten fährt die Ecke nicht exakt nach, sondern verrundet sie, wodurch eine zulässige Abweichung auftreten kann, die größer als die erlaubte Toleranz ist. Mit der Einbeziehung des momentanen Schleppfehlers in die Berechnungen können diese Abweichungen richtig behandelt werden, weil durch diese Korrektur die Meßwerte auf der Sollbahn zu liegen kommen.

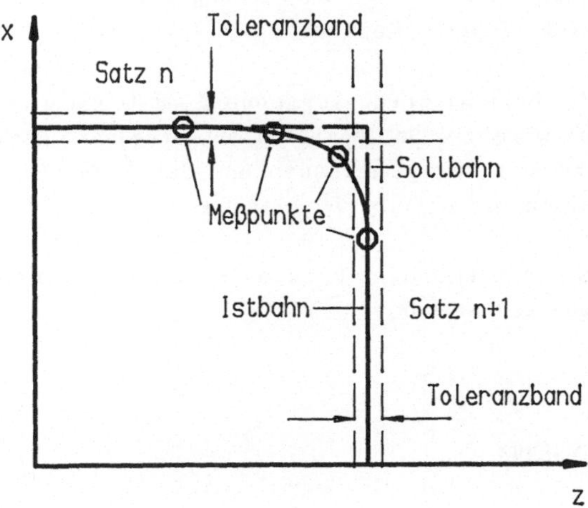

Bild 4.5 : Problematik beim NC-Satzwechsel aufgrund des Schleppfehlers.

4.3.2 Synchronisation bei der Gewindebearbeitung

Bei der Anfertigung von Gewinden auf einer NC - gesteuerten Drehmaschine werden die Antriebe des Schlittens mit dem Drehwinkel der Spindel synchronisiert. Eine Überwachung des Gewindeschneidvorganges erfordert neben der allgemeinen Abweichungskontrolle von der Sollbahn auch eine Überwachung des Synchronismus mit der Spindel. Ein mangelnder Synchronismus macht die Herstellung des Gewindes unmöglich.

Die Synchronisation bei der Gewindebearbeitung erreicht die Steuerung auf folgende Weise: der Schlitten wartet solange auf der Startposition, bis der Drehgeber der Hauptspindel einen "Nullimpuls" abgibt, der nach jeder Umdrehung bei einer bestimmten Winkelstellung erfolgt. Der Nullimpuls ist das Startsignal des Verfahrsatzes für die Gewindebearbeitung, wodurch die Synchronisation zwischen der Hauptspindel und dem Werkzeugschlitten gewährleistet ist. Die Überwachung dieses Vorgangs erfordert folgende Schritte:

- Es wird eine gewöhnliche Überwachung des geradlinigen Verfahrweges durchgeführt (Kapitel 4.3.1).

- Aus dem programmierten Vorschub (mm/U) und den Spindelinkrementen wird die Sollposition ausgerechnet. Diese Sollposition wird mit der gemessenen und durch den Schleppabstand korrigierten Istposition verglichen.

Ergibt sich bei einem dieser beiden Tests ein Fehler, so muß die Maschine angehalten werden.

4.3.3 Kreisbewegung

Die Verwendung der quadratischen Kreisgleichung stellt eine einfache Möglichkeit dar, die Bahnüberwachung bei Kreiskonturen zu verwirklichen /C1/.

Für die Berechnung einer Kreiskoordinate aus einem gegebenen Punkt
ist die vorherige Bestimmung des Kreisradius notwendig, der sich
einfach aus den vorgegebenen Verfahrsatzdaten berechnen läßt. Bei
der Programmierung einer NC-Kreisfunktion muß zum einen die Lage
des Kreismittelpunktes bezüglich des Anfangspunktes der Bewegung
und zum anderen der Endpunkt des Kreisbogens eingegeben werden.
Diese Daten werden im Verfahrsatz von der Steuerung mit übergeben,
wobei I die Entfernung des Mittelpunktes vom Startpunkt in X-
Richtung und K die Entfernung in Z-Richtung ist (Bild 4.6). Der
Startpunkt (X_S, Z_S) der Kreisbahn ist der Endpunkt des vorangegange-
nen NC-Satzes. Der neue Endpunkt (X_E, Z_E) wird direkt programmiert, muß aber nicht auf dem Kreis liegen (Überbestimmung der
Kreisgleichung) /NN5,NN6,NN7/. In diesem Fall verfährt die Steuerung solange auf der Kreisbahn, bis eine Koordinate des Endpunktes
erreicht ist. Im Anschluß daran wird linear direkt zum programmierten Endpunkt verfahren (Bild 4.7).

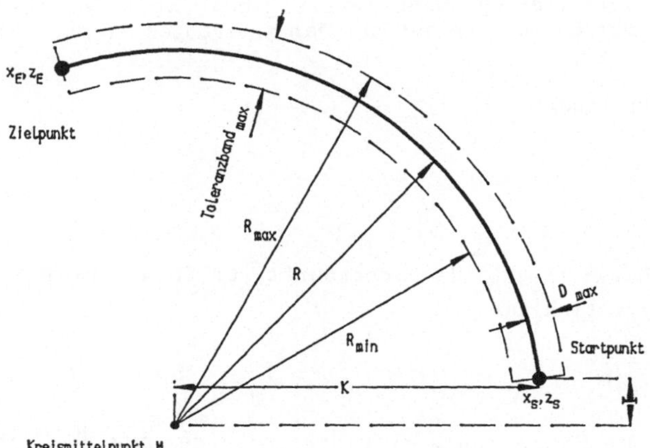

Bild 4.6 : Bestimmungsgrößen für die Kreisbahnüberwachung.

Die Formel für die Kreisgleichung lautet:

$$(X_P - M_x)^2 + (Z_P - M_z)^2 = R^2;$$
Gl.33

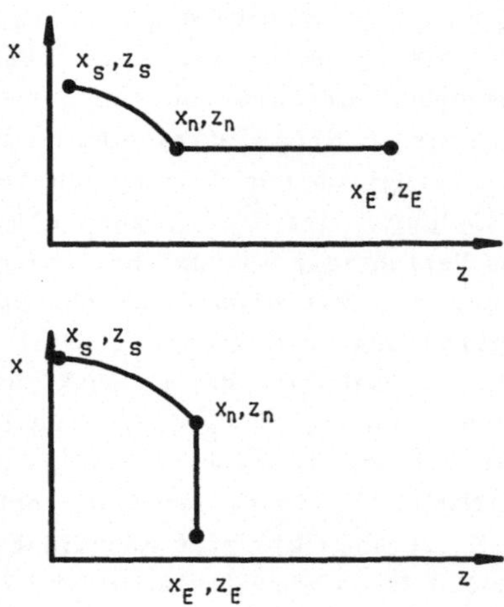

Bild 4.7 : Verhalten der Bahnsteuerung beim Kreisverfahren, wenn
der Endpunkt nicht auf dem Kreisbogen liegt.

mit dem Mittelpunkt

$$M_x = X_S + I;$$ Gl.34
$$M_z = Z_S + K;$$ Gl.35

wobei der Punkt (X_S, Z_S) der Startpunkt für die Kreisbahn ist. Der
Radius R läßt sich aus

$$R^2 = I^2 + K^2$$ Gl.36

bestimmen. Die Überwachung erfordert, daß der mit dem Schleppabstand ΔS korrigierte Meßwert der Schlittenposition (X_P, Z_P) innerhalb eines Ringsegmentes (Bild 4.6) liegt:

$$R^2_{min} < R^2_{mes} < R^2_{max} ;$$ Gl.37

mit

$$R_{mes}^2 = ((X_P + \Delta S_x) - M_x)^2 + ((Z_P + \Delta S_z) - M_z)^2; \qquad Gl.38$$

$$R_{min}^2 = (R - D_{max})^2; \qquad Gl.39$$

$$R_{max}^2 = (R + D_{max})^2; \qquad Gl.40$$

wobei D_{max} die maximale Abweichung von der Sollkurve ist (Bild 4.6).

Für den Fall, daß der Endpunkt nicht auf dem Kreisbogen liegt, muß die Bahnüberwachung berücksichtigen, daß die Steuerung wie in Bild 4.7 gezeigt, verfährt. Dieses Verhalten der Steuerung wird folgendermaßen berücksichtigt (Bild 4.8):

- Jeder mit dem Schleppabstand korrigierte Meßwert der Istposition des Schlittens wird zuerst mit den Koordinaten des Endpunktes verglichen.

- Wenn die Istposition mit den Koordinaten des Zielpunktes noch nicht übereinstimmt, wird der Abstand zum Sollkreis nach Gl.38 berechnet.

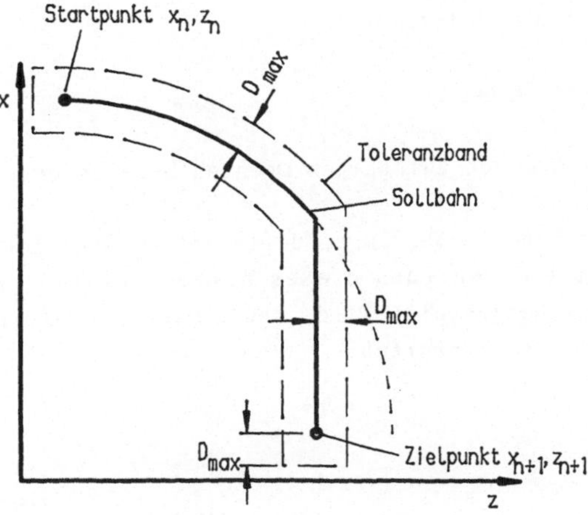

Bild 4.8 : Das Toleranzband für einen überbestimmten Kreisbogen.

- Stimmt einer der beiden Koordinatenwerte der Istposition mit
einem Wert des Zielpunktes überein, dann wird überprüft, ob
diese Koordinate innerhalb des von D_{max} definierten Toleranz-
bandes bezüglich dieser Koordinate bleibt. Dies geschieht
solange, bis auch die zweite Koordinate den Zielpunkt erreicht hat.

4.3.4 Hauptspindel und die Betrachtung der Drehzahl

Die Hauptspindel von Drehmaschinen wird häufig als C-Achse bezeichnet. In der Regel genügt es, das Einhalten der programmierten
Drehzahl zu überwachen. Dies geschieht, indem der Zähler, der die
Impulse des Drehgebers der Hauptspindel aufsummiert, periodisch
gelesen wird. Aus der Differenz von Zählerstand α_{n-1} aus der
vorherigen Messung und dem aktuellen Zählerstand α_n und der Zeit
ΔT zwischen den Messungen läßt sich die Drehzahl ω errechnen:

$$\omega = \frac{(\alpha_{n-1} - \alpha_n)}{\Delta T} ; \qquad\qquad Gl.41$$

dieser Wert soll die Bedingung

$$\left| \omega - \omega_{max} \right| < \Delta \omega ; \qquad\qquad Gl.42$$

erfüllen, wobei $\Delta \omega$ den zulässigen Drehzahlbereich bestimmt.

Ist die Drehmaschine in der Lage, definierte Winkel der C-Achse anzufahren, muß die Einhaltung dieses Wertes zusätzlich überwacht
werden, indem sichergestellt wird, daß dieser Winkel eine maximale
Abweichung nicht überschreitet.

4.4 Ablauf des Überwachungsvorganges

4.4.1 Automatikbetrieb

Im Automatikbetrieb übermittelt die Steuerung die Daten der NC-Programmsätze vor ihrer Ausführung. Die Zeit, bis die NC-Sätze zur Ausführung gelangen, kann von der Bahnüberwachung zur Aufbereitung der Daten genutzt werden. Während des Programmlaufes werden kontinuierlich neue NC-Sätze geliefert, auch wenn der Schlitten gerade verfährt und seine Position getestet werden muß. Diese beiden Aufgaben (Vorbereitung der Daten und Testen der Position) müssen parallel erfolgen, so daß es sinnvoll ist, sie von zwei getrennten Programmteilen (Tasks) ausführen zu lassen. Dabei ist es wichtig, daß die Überprüfung der Schlittenposition möglichst häufig erfolgt, um kurze Reaktionszeiten zu erreichen, während die Aufbereitung der Daten nicht zeitkritisch ist. Deshalb ist es angebracht, das Testprogramm in zeitlich konstanten Abständen aufzurufen. In Bild 4.9 ist ein Diagramm des zeitlichen Ablaufs und des Zusammenspiels dieser beiden Tasks gezeigt. Die Testphase, die nur wenig Rechenzeit beansprucht, unterbricht in kurzen Zeitabständen den Vorbereitungsprozeß, der längere Rechenzeiten erfordert.

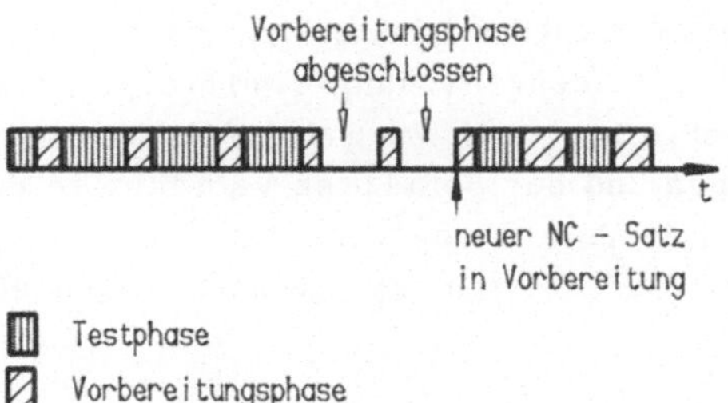

Bild 4.9 : Zeitliches Zusammenspiel zwischen Vorbereitungsphasen und Testphasen.

Die Satzvorbereitung bildet die Hintergrundtask, die in regelmäßigen Zeitabschnitten unterbrochen wird, wenn der Schlitten in Bewegung ist. In dieser Unterbrechung werden alle relevanten Verfahrwerte überprüft. Ist dieser Vorgang abgeschlossen, ohne daß ein

Fehler aufgetreten ist, wird die Vorbereitungstask weiter bearbeitet. Der Zeitablauf wird von einem programmierbaren Zeitgeber gesteuert.

Beim Werkzeugwechsel genügt es, die Revolverendstellung, am besten
durch zusätzliche Sensoren (Redundanz), zu überwachen. Ist die
programmierte Position nicht korrekt erreicht worden, darf der
Schlitten nicht mehr bewegt werden. Außerdem ist es angebracht,
auch die Drehzahl der Hauptspindel kontinuierlich mit dem Sollwert
zu vergleichen.

4.4.2 Handbetrieb

In dieser Betriebsart kann der Schlitten bei der MD5S nur parallel
zu einer Achse verfahren werden. Demzufolge muß jede Bewegung des
Schlittens, die nicht in der vorgeschriebenen Richtung erfolgt,
erkannt werden. Der Unterschied zum Automatikbetrieb besteht darin,
daß beim Handverfahren nur die Richtung, nicht aber der Endpunkt
bekannt ist.

Die Steuerung meldet die Bewegungsrichtung und die Vorschubgeschwindigkeit an die Bahnüberwachung. Aus dieser Information wird
die entsprechende Geradengleichung ermittelt. Erst nachdem die
Vorarbeiten abgeschlossen sind, wird der Vorschub von der Bahnüberwachung freigegeben und der Schlitten verfährt in die gewünschte
Richtung. Tritt eine Abweichung von dieser Geraden oder von der
Sollgeschwindigkeit auf, müssen entsprechende Gegenmaßnahmen eingeleitet werden.

Im Handbetrieb ist auch die Überwachung des Werkzeugwechsels nötig,
die genauso wie im Automatikbetrieb erfolgt.

4.4.3 Referenzpunktfahren

Durch die Verwendung von inkrementalen Meßsystemen kann die absolute Position des Schlittens nicht direkt gemessen werden. Die

Istposition wird durch Aufsummieren aller verfahrenen Weginkremente ermittelt. Als Bezugspunkt dient der Referenzpunkt, der unmittelbar nach dem Einschalten der Maschine angefahren werden muß, denn vorher hat die Steuerung keinerlei Möglichkeit, die Schlittenposition festzustellen. Dies trifft auch für die Bahnüberwachung zu, da auch hier inkrementale Meßsysteme eingesetzt werden (Kapitel 4.5.2). Damit keine unkontrollierten Bewegungen ausgeführt werden, muß die Bahnüberwachung alle Verfahrbewegungen, die nicht zum Referenzpunktfahren benötigt werden, unterbinden.

Das Referenzpunktfahren wird durch einen speziellen Bewegungsablauf ausgeführt, wodurch eine Überwachung möglich wird. Beim Referenzpunktfahren bewegt sich der Schlitten zuerst in positiver Verfahrrichtung auf der X-Achse bis zum Endschalter und anschließend auf der Z-Achse zum entsprechenden Endschalter. Nach Erreichen der Schalter werden die Istwertzähler mit den Koordinaten des Referenzpunktzählers geladen. Das geschieht sowohl in der Steuerung wie auch in der Bahnüberwachung. Die beiden Istwertzähler werden dadurch synchronisiert.

Durch den genau definierten Bewegungsablauf gibt es 2 Bewegungszustände:

- Der Schlitten verfährt in positive X-Richtung; eine Abweichung ist nur in positive Z-Richtung erlaubt, wenn gleichzeitig in X-Richtung gestoppt wird.

- Sobald der Schlitten in positive Z-Richtung verfährt, ist keine Abweichung in X-Richtung oder eine Umkehr der Verfahrrichtung erlaubt, bis das Referenzpunktfahren beendet worden ist.

Alle anderen Bewegungen sind nicht gestattet und müssen somit unterbunden werden.

4.5 Aufbau der Hardware

Die Aufgaben der Bahnüberwachung lassen sich sehr gut von einem
Mikrocomputer erfüllen. Durch den Einsatz von standardisierten
Bauteilen, wie Speicher und Schnittstellen können sehr preisgün-
stige Einplatinencomputer aufgebaut werden, die völlig unabhängig
von der Steuerung operieren können. Dadurch ist sichergestellt, daß
nach dem Ausfall der Steuerung die Funktion der Bahnüberwachung
nicht beeinträchtigt wird.

4.5.1 Prozessorplatine

An die Prozessorplatine werden folgende Anforderungen gestellt:

- Zuverlässigkeit;
- ausreichende Rechnerleistung;
- leichte Anschlußmöglichkeit für die Auswerteelektronik eines
  zusätzlichen Meßsystems und ein Parallelinterface;
- Hochsprachenfähigkeit des Mikroprozessors.

Diese Bedingungen werden von der "8086-Platine" erfüllt, die auch
für die Geometrieüberwachung eingesetzt wurde. Ein weiterer Grund
für die Verwendung dieser Platine war, daß die Treiberprogramme für
die Hardware nur einmal erstellt werden mußten und daß durch die
Reduzierung der Platinentypen ein einfacherer Service beim Kunden
möglich wird.

4.5.2 Lagemeßsystem

Damit die Bahnüberwachung unabhängig von der Steuerung die Position
des Schlittens und die Drehzahl der Hauptspindel erfassen kann,
wird ein zweites Meßsystem vorgeschlagen, das zusätzlich an die
Maschine angebaut sein soll. Prinzipiell kommen zwei Typen von Meßsystemen in Frage:

- inkrementale Meßsysteme;
- absolute Meßsysteme.

Inkrementale Meßsysteme sind kompakt aufgebaut, weisen große Genauigkeit auf und sind kostengünstig. Durch den kompakten Aufbau ist ein Nachrüsten der Maschinen leicht möglich. Die Auswertung der Istposition reduziert sich durch einfaches Aufsummieren der Impulse, die pro Wegeinheit abgegeben werden. Ein Nachteil besteht darin, daß dieses System nur Weginkremente und nicht absolute Werte als Ausgangssignal liefert. Vor dem Betrieb muß deshalb zuerst ein Referenzpunkt angefahren werden, um das Bezugssystem für die nachfolgenden Messungen einzuführen. Geht das Bezugssystem verloren, werden alle weiteren Messungen ungültig, wodurch die Fehleranfälligkeit steigt. Absolute Meßsysteme vermeiden diesen Nachteil, da sie immer die Istposition anzeigen. Sie sind aber sehr aufwendig und teuer. Wegen der einfacheren Handhabarkeit wurde für die Testimplementation ein inkrementales Wegmeßsystem eingesetzt.

An die Genauigkeit des zweiten Meßsystems werden keine so hohen Anforderungen gestellt, wie an das Hauptmeßsystem. Allerdings erlaubt eine hohe Auflösung ein schnelles Erkennen von möglichen Bahnabweichungen, weil durch eine feine Schrittaufteilung bereits kleine Bahnabweichungen erfaßt werden können. Es muß ein Kompromiß zwischen Reaktionszeit und Wirtschaftlichkeit gefunden werden, der vom jeweiligen Einsatzfall bestimmt wird.

4.5.3 <u>Auswerteelektronik für das Lagemeßsystem</u>

Für das inkrementale Meßsystem, das für den Versuchsaufbau verwendet wurde, ist eine Auswerteelektronik erforderlich, die an die Platine von BBC /NN18/ angeschlossen werden kann. Für die Auswertung gibt es fertige Bausteine, die direkt das Ausgangssignal des inkrementalen Meßsystems verarbeiten können. Um die notwendige Auflösung zu erreichen (1 μm auf 1m) sind 20 Bit Zählerbreite nötig, die durch die Kombination von zwei 16-Bit Zählern erreicht werden. Daher ist für jede NC-Achse ein Zählerpaar notwendig, für die Hauptspindel genügt jedoch ein Zählbaustein, da für die Rota-

tionsachse nur die Winkelstellung pro Umdrehung gemessen werden
muß.

Die Zusatzplatine, auf der die gesamte Auswerteelektronik aufgebaut
ist, wird mit der Hauptplatine über ein Flachbandkabel verbunden,
über das der lokale Bus der Prozessorkarte herausgeführt wird. Bild
4.10 zeigt ein schematisches Bild vom Aufbau der Auswerteelektronik
für die inkrementalen Meßgeber. Zusätzlich zu den Zählbausteinen
sind auf der Zusatzplatine auch parallele Ein- und Ausgänge vorhanden, über die die Sensoren für den Werkzeugrevolver abgefragt und
das Bremssignal an die Antriebe ausgegeben werden.

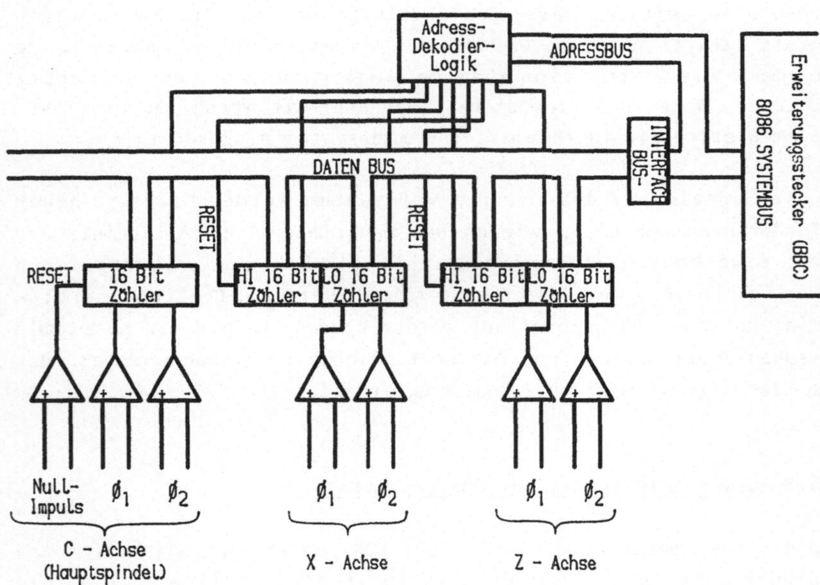

Bild 4.10: Blockschaltbild der Auswerteelektronik für inkrementale
Wegmeßsysteme.

4.5.4 Maßnahmen im Fehlerfall

Ist eine Abweichung von der Sollbahn erkannt worden, müssen möglichst schnell alle Antriebssysteme gebremst werden, damit keine unkontrollierten Bewegungen auftreten können. Wird nur die fehlerhafte Achse gestoppt, so tritt trotzdem eine gefährliche Bahnabweichung auf, da die Schlittenbewegung durch Überlagerung mehrerer Achsen definiert ist. Das Anhalten der Maschine kann auf verschiedene Art und Weise erfolgen:

1. Ausgabe eines Befehls 'Vorschub-Stop' an die Steuerung;

2. Abtrennen des Interpolators vom Lageregelkreis und Eingeben des Geschwindigkeitswertes 0 in den Lageregelkreis;

3. Anhalten über die Ansteuerungselektronik für die Antriebe, falls vorhanden;

4. Abtrennen des Motors von der Leistungselektronik und Bremsen des Antriebs durch Kurzschließen der Eingangsklemmen des Motors über einen Begrenzungswiderstand;

5. Abschalten der Stromversorgung für die Antriebe.

Die erste Möglichkeit ist sehr einfach zu realisieren, ist aber nicht in jedem Fall anwendbar. Sie geht davon aus, daß die Steuerung, der Interpolator, der Lageregelkreis, die Leistungselektronik und der Motor dieses Signal noch richtig interpretieren können. Außerdem ist dies nicht die schnellste Art, den Motor zu bremsen, weil die Steuerung nicht unmittelbar die Sollgeschwindigkeit 0 an den Lageregelkreis gibt, sondern aufgrund eines besseren Regelverhaltens die Sollgeschwindigkeit linear vom aktuellen Wert auf 0 reduziert.

Schneller kann mit Hilfe der 2. und 3. Methode gebremst werden, da die Sollgeschwindigkeit sofort auf 0 gesetzt wird. Allerdings sind dafür Zusatzschaltungen nötig und die entsprechenden Baugruppen müssen noch funktionsfähig sein.

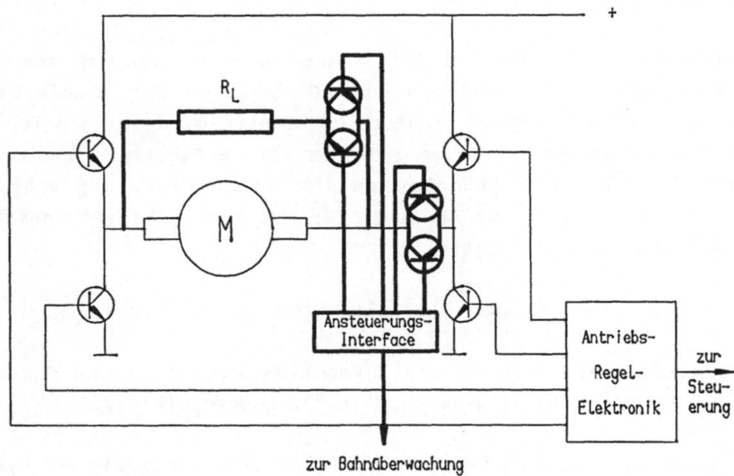

Bild 4.11: Durch Kurzschließen der Eingangsklemmen des Antriebes
läßt sich die Maschine am besten in einen sicheren
Zustand bringen.

Die 4. Methode ermöglicht das sicherste und schnellste Anhalten des
Schlittens, da sie unmittelbar auf den Motor wirkt. Es sind jedoch
aufwendige Schaltungen notwendig, da Gleichströme bis 60A sehr
zuverlässig und schnell geschaltet werden müssen (Bild 4.11).

Die letzte Methode bringt den Schlitten in jedem Fall zum Stehen,
wobei allerdings nicht die Bremswirkung des Motors genutzt werden
kann, denn die Antriebe laufen ungebremst aus. Zusätzlich besteht
die Gefahr, daß die Leistungselektronik durch Spannungsspitzen
Schaden nimmt, die dabei auftreten können.

Zusammenfassend läßt sich sagen, daß die Methode 2 zu aufwendig im
Verhältnis zur Schutzwirkung ist. Die 3. Möglichkeit ist, falls die
Ansteuerelektronik dies erlaubt, einfach zu implementieren und
vergleichsweise zuverlässig, wogegen das Anhalten des Schlittens
mittels eines Steuerungsbefehls als einziges Mittel nicht empfeh-
lenswert ist, da von der Funktionstüchtigkeit des gesamten An-

triebszweiges und der Steuerung ausgegangen wird. Als zusätzliche Maßnahme ist diese Methode wegen ihres geringen Aufwandes aus Redundanzgründen aber durchaus verwendbar. Das Unterbrechen der Stromversorgung der Antriebe ist nur als letzte Notbremse geeignet, da der Schlitten aufgrund seiner Masse noch genügend ungebremste kinetische Energie besitzt /B3/, um größeren Schaden anzurichten.

5 Beschreibung des Programmaufbaus

5.1 Verwendete Programmiersprache

Eine nicht zu unterschätzende Bedeutung kommt der Programmiersprache zu, die folgende Eigenschaften aufweisen muß:

- Sie muß eine übersichtliche und gut strukturierte Programmierung unterstützen.

- Sie muß eine weite Verbreitung aufweisen, damit die Programme leicht auf andere Systeme übertragen werden können.

- Es müssen Compiler verfügbar sein, die einen schnellen, kompakten und fehlerfreien Code erzeugen.

- Die Sprache muß den Anforderungen des Kollisionsschutzprogrammes (Datentypen, Rechenoperatoren, systemnahe Programmierung) entsprechen.

Da es keine Programmiersprache gibt, die allen Anforderungen gerecht wird /S1,S2/, muß ein Kompromiß gesucht werden, wobei sich Pascal als die beste Lösung anbietet. Pascal zwingt durch seine Blockstruktur zu einer übersichtlichen und sauberen Programmierung. Es bietet eine Vielzahl von möglichen Datentypen, mit denen sich auch komplexe dynamische Datenstrukturen definieren lassen. Durch seine große und weiter zunehmende Verbreitung ist auch die Übertragbarkeit der Programme auf andere Prozessor- und Computersysteme gewährleistet. Der Nachteil besteht jedoch in seinem geringen, Standardsprachumfang und der schlechten Eignung, maschinennah zu programmieren. Der geringe Sprachumfang hat zu einer Vielzahl von Dialekten geführt, die eine Umsetzung auf andere Systeme erschweren. Dies läßt sich allerdings durch eine Beschränkung auf den Sprachumfang des genormten ISO-Pascal /J1/ umgehen. Fast das gesamte Programm des Kollisionsschutzsystems konnte so programmiert werden. Die wenigen Ausnahmen wurden in einem gesonderten Modul zusammengefaßt und besonders gekennzeichnet, so daß sie bei einer Umstellung leicht berücksichtigt werden konnten. Diese Methode hatte sich bereits während der Programmentwicklung bewährt. Wegen der besseren Testmöglichkeiten und der Mehrbenutzerfähigkeit wurden die Programme zuerst auf einer VAX 11/750 entwickelt, bevor sie mit Hilfe des INTEL-Entwicklungssystemes auf der Zielhardware implememmentiert wurden. Ein weiterer Vorteil dieser Vorgehensweise beruht auf dem Prinzip, daß Programme betriebssicherer sind, wenn sie auf verschiedenen Systemen funktionieren, weil unterschiedliche Systeme auf Fehler unterschiedlich empfindlich reagieren (Prinzip der Diversität /E1,E2,NN10/).

Auch das Run-Time-Interface (Kapitel 5.3), das nicht direkt Bestandteil des Kollisionsschutzes ist und das bei einer Übertragung auf ein anderes System neu erstellt werden muß, konnte nicht ohne weiteres in Pascal programmiert werden.

5.2 Aufteilung des Programmes in Funktionsmodule

Wegen der Komplexität des Kollisionsschutzes war es zweckmäßig, das Programm in einzelne Funktionsmodule aufzuteilen. Das Programm wurde dadurch übersichtlicher und bei Bedarf lassen sich jederzeit einzelne Module leicht durch andere ersetzen. Auch die Programmentwicklung wurde wesentlich erleichtert, da die einzelnen Module sich leichter testen ließen. Nach umfangreichen Tests konnte ein weitgehend fehlerfreies Modul in das Programmsystem eingebunden und im Gesamtzusammenhang endgültig korrigiert werden.

Im folgenden werden die Programmodule aufgeführt und ihre Funktion kurz beschrieben.

- Hauptprogramm:
  In diesem Modul werden alle für das System wichtigen Datentypen definiert, die unterschiedlichen Betriebsarten der Steuerung (Kapitel 3.1.3) und des Kollisionsschutzes erkannt und die entsprechende Unterprogramme angesprungen. Der eigentliche Programmfluß wird in diesem Teil gesteuert.

- Programm zur Steuerung des Kollisionsschutzprogramms durch den
  Bediener:
  Mit diesem Modul wird der Benutzer in die Lage versetzt,
  menuegesteuert die unterschiedlichen Betriebszustände des
  Kollisionsschutzes (z.B. Anzeige der Kollisionsursache, Editierung der Werkzeugdatei) anzuwählen. Dieses Modul wurde
  vorerst für den Programmtest konzipiert und es erlaubt umfangreiche Testausgaben, die später während des Betriebs nicht
  mehr benötigt werden, weshalb es durch ein einfacher zu bedienendes ersetzt wird.

- Programm für die Datenausgabe:
  Dieses Programmodul ist für die Datenausgabe an die Konsole
  verantwortlich. Es hat zur Aufgabe, die Daten im entsprechenden Format mit den Bezeichnungen, Benennungen und Kurzkommen-
  taren auszugeben. Auch die Aufbereitung der Daten und die
  Ausgabe an das Graphikterminal ist hier implementiert.

- Programm für die Dateneingabe:
  In diesem Programmteil erfolgt die Eingabe der Daten, die
  Initialisierung des Systems und der Zugriff auf die Daten-
  strukturen. In diesem Modul befinden sich systemspezifische
  Pascalanweisungen, da die Speicherung der Datenstrukturen von
  System zu System unterschiedlich ist. Auf einem Minicomputer
  kann auf Massenspeicher, wie z.B. Plattenspeicher zurückge-
  griffen werden. In einer Steuerung ist dies nicht möglich.
  Statt dessen besteht die Möglichkeit, die Daten in einem
  batteriegepufferten Speicher (Kapitel 3.2, 4.3.1) abzulegen.
  Diese unterschiedlichen Methoden erfordern speziell angepaßte
  Programmodule.

- Programm für die Betriebsarten "Handverfahren" und "Referenz-
  punktfahren":
  Der Kollisionsschutz für obige Betriebsarten wird von diesem
  Modul gesteuert. Die Programme in diesem Teil greifen auf
  Unterprogramme in anderen Modulen zurück, die für die eigent-
  liche Durchführung zuständig sind.

- Programm für die Betriebsarten "Automatik" und "Einzelsatz":
  Hier wird der Programmablauf dieser beiden Betriebsarten gesteuert. Die tatsächlich ausführenden Unterprogramme sind in
  den nachfolgenden Funktionsblöcken zusammengefaßt.

- Programm zur Erkennung der Überlappungen von Polygonzügen:
  In diesem Modul erfolgt die eigentliche Erkennung von Kollisionen. Es werden die Polygonzüge auf eventuelle Überlappungen
  hin überprüft.

- Programm zur Simulation der Bearbeitung:
  Die Simulation der Bearbeitung, die Werkstückaktualisierung
  und die Überprüfung der Spanbedingungen wird von diesem Modul
  gesteuert.

- Programm für die Erzeugung der Schlittenkontur:
  Die Abbildung der 3-dimensionalen Schlittenkontur und der
  Nachbarwerkzeuge in Abhängigkeit von der X-Position berechnen
  die Unterprogramme dieses Moduls. Sie werden angesprungen, um
  die neue Schlittenposition nach einem Verfahrbefehl zu bestimmen. Auch der Werkzeugwechsel ist in diesem Modul implementiert.

- Programm für die Erzeugung der Werkzeugdatenstruktur:
  Die Programme in diesem Modul erzeugen aus den Daten der
  Werkzeugdatei und der Schlittenbelegung die Datenstruktur für
  den Revolver (Kapitel 3.3.4), die eine schnelle Handhabung
  der Werkzeuge und Nachbarwerkzeuge erlaubt.

- Programm für die Konturdatenverwaltung:
  In diesem Modul erfolgt die Verwaltung und Editierung der
  Konturdateien für Werkzeuge, Spannmittel und Werkstücke.

Die oben aufgeführten Funktionsblöcke enthalten alle für den Kollisionsschutz relevanten Programme und Unterprogramme. Sie sind weitgehendst rechner- und steuerungsunabhängig. Die Module, die in den
Abschnitten 5.3 und 5.4 beschrieben werden, sind jedoch entweder
vom Rechnersystem, auf dem der Kollisionsschutz implementiert ist,

oder von der Art der Bereitstellung der für den Kollisionsschutz
benötigten Daten durch die Steuerung abhängig.

5.3 Run-Time-Interface

Wie jeder Hochsprachencompiler setzt auch der Pascalcompiler Be-
triebssystemdienste voraus. Da dieser keine Kenntnis von der Hardware hat, auf der das Programm implementiert werden soll, müssen
Unterprogramme die Anpassung der speziellen Hardware an den Compiler vornehmen. Diese Unterprogramme werden zu einem "Run-Time-
Interface" zusammengefaßt und müssen folgende Funktionen ausführen:

- Verwaltung des Speichers;
- Initialisierung der Hardware;
- Durchführung der Ein- und Ausgabefunktionen;
- Durchführung der Massenspeicher und der Dateiverwaltung.

Da in der Steuerung und für das Kollisionsschutzsystem kein Massenspeicher eingesetzt wurde, mußte der letzte und aufwendigste Punkt
nicht implementiert werden, wodurch der Aufwand auf die Ein- und
Ausgabefunktionen, die Initialisierung der Hardware und die Spei-
cherverwaltung reduziert wurde.

Diese Funktionen sind ausgesprochen system- und prozessorabhängig
und konnten daher nicht in Pascal, sondern mußten in Assembler
geschrieben werden.

Sie sind so programmiert, daß möglichst wenig Rechenzeit dafür
aufgewendet werden muß. Die Ein- und Ausgabe erfolgt beispielsweise
so, daß das Programm alle Daten über einen Puffer ein- bzw. aus-
liest. Der Puffer ist über Interruptroutinen an den Ein- und Ausgabebaustein gekoppelt. Dies bedeutet, daß die Hardware ein Signal an
den Prozessor liefert, wenn neue Daten benötigt werden. Der Prozessor unterbricht den normalen Programmablauf und bedient den Ein-
und Ausgabebaustein. Anschließend fährt er mit der Programmausführung fort. Auf diese Weise werden Wartezeiten vermieden, die durch
relativ langsame Ein- und Ausgabe entstehen würden.

5.4 Datentransfer Kollisionsschutz-Steuerung

Der Datentransfer zwischen Steuerung und Kollisionsschutz ist von der Steuerung abhängig, wobei die Software der Steuerung so abgeändert werden mußte, daß sie das Kollisionsschutzsystem ständig mit folgenden aktuellen Daten versorgt:

- aktuelle Istposition des Werkzeugschlittens;
- aktuelle Drehzahl der Hauptspindel;
- aktuelle Vorschubgeschwindigkeit;
- aktueller Schleppabstand;
- aktives Werkzeug mit allen Werkzeugmaßen;
- alle gültigen Nullpunktverschiebungen;
- Betriebszustände der Maschine und der Steuerung;
- die programmierten NC-Verfahrsätze, sobald sich die Steuerung im Automatikbetrieb befindet.

Die ersten sieben Punkte beinhalten den Istzustand der Maschine und der Steuerung. Diese Daten benötigt zum einen die Ablaufsteuerung des Kollisionsschutzsystems und zum anderen die Redundanzüberprüfung, die kontrolliert, ob programmierte Werte eingehalten werden. Sie müssen von der Maschinensteuerung laufend in den Übergabespeicher (Kapitel 3.2, 4.5.1) übertragen werden. Dies konnte man bei der EPM-II dadurch erreichen, daß das Steuerungsprogramm um ein Unterprogramm erweitert wurde, das zyklisch innerhalb eines festen Zeitraumes die oben aufgeführten Daten in den Übergabespeicher überträgt. Ein Zeitraum von 30 ms hatte sich in der Praxis gut bewährt.

Die Daten der NC-Programme müssen auf andere Weise gehandhabt werden. Wie in Kapitel 3.3.5 bereits beschrieben, werden aus Zeitgründen die NC-Sätze vor ihrer eigentlichen Ausführung überprüft und in einem Puffer abgelegt. Diesem Konzept kommt der interne Datenfluß der MPST-Steuerung zugute, die für den Versuchsaufbau verwendet wurde. Wie aus Bild 5.1 zu entnehmen ist, werden die NC-Sätze von mehreren Modulen der Steuerung aufbereitet, bevor sie ausgeführt werden. Die Übergabe der NC-Sätze zwischen den einzelnen Funktionsblöcken erfolgt über Pufferspeicher. Diese Datenschnitt-

stelle ist in der DIN 66264 Teil 2 /NN9/ genormt. Das Kollisionsschutzsystem konnte nun analog den anderen Funktionsblöcken in die
Steuerung eingebunden werden, so daß die Datenübergabe auf die in
der DIN-Norm definierte Weise erfolgen kann. Der Übergabepuffer
übernimmt nun gleichzeitig die Funktion der Datenübergabe und die
zeitliche Entkoppelung der Kollisionsüberprüfung von der Ausführung. Der Puffer ist als FIFO (First In First Out) ausgebildet,
was bedeutet, daß die Daten, die zuerst eingelesen wurden, als
erste wieder entnommen werden.

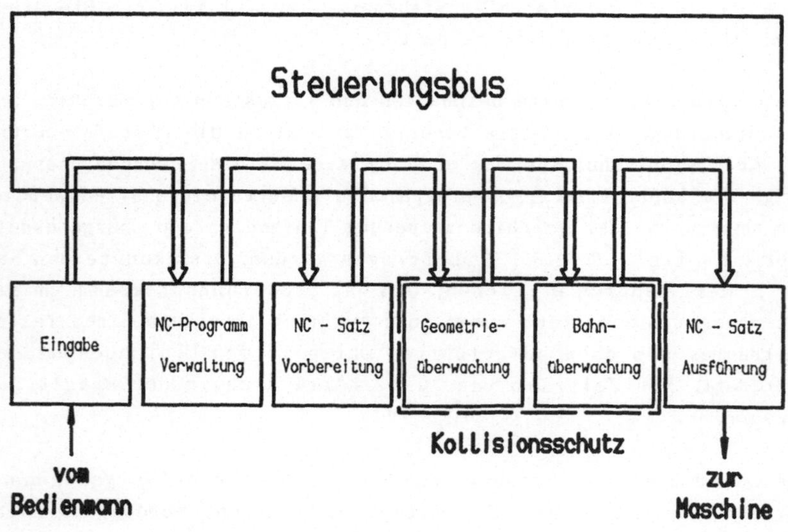

Bild 5.1 : Datenfluß in einer MPST-Steuerung mit mehreren Funktionsblöcken.

6 Erweiterungsmöglichkeiten des Kollisionsschutzsystems

Es bietet sich eine Weiterentwicklung des Kollisionsschutzsystems in zwei Richtungen an. In den folgenden Abschnitten sollen einige Anregungen gegeben werden, wie das Kollisionsschutzsystem entsprechend ergänzt werden kann.

6.1 Kollisionsschutz für die 4-Achsen-Drehbearbeitung

Eine Möglichkeit ist die Erweiterung für die 4-Achsendrehmaschinen, weil die Programmierung und Bedienung dieser Maschinen komplizierter ist, als die von 2-Achsen-Drehmaschinen. Dafür ist einerseits der sehr unübersichtliche und zerklüftete Arbeitsraum und andererseits die voneinander unabhängigen Bewegungen der beiden Werkzeugschlitten verantwortlich. Der letzte Punkt macht besonders die Programmierung und das Einfahren der Programme schwierig und damit anfällig für Kollisionen. Der Zwang, 4-Achsen-Drehmaschinen wirtschaftlich einzusetzten, erfordert ein optimales Teileprogramm, das wiederum ein sehr enges Ineinandergreifen der Werkzeugschlitten zur Folge hat. Die Simulation von NC-Programmen /H3,H5/ in der Programmierphase kann diese Problematik zwar entschärfen, aber nicht beseitigen, so daß hier für einen wirkungsvollen Kollisionsschutz, wie er für die 2-Achsen-Drehbearbeitung entwickelt wurde, ein noch größerer Bedarf besteht.

Das Grundprinzip, eine rechtzeitige Kollisionserkennung durch die Analyse der Ergebnisse der Simulation von Maschinenfunktionen durchzuführen, kann auch auf die 4-Achsen-Drehbearbeitung übertragen werden, da sie ebenso als ein zweidimensionales Problem dargestellt werden kann. Aus diesem Grund bietet sich an, sowohl das Simulationsmodell, als auch das Simulationsverfahren zu übernehmen, das sich für den 2-Achsen-Kollisionsschutz bewährt hat. Hier stellt sich das Problem, daß die Bewegungsabläufe komplexer und die zu überprüfenden Geometriedaten umfangreicher sind. Dies wirkt sich wiederum auf das Echtzeitverhalten des Systems aus, so daß eine leistungsfähigere Hardware notwendig wird. Um den zusätzlichen Rechenaufwand abschätzen zu können, muß die Anzahl der Freiheitsgrade des Systems untersucht werden. Die 2-Achsen-Drehmaschine hat zwei Freiheitsgrade des Schlittens (X-Richtung, Z-Richtung) oder anders ausgedrückt, zwei zueinander verschiebbare Bezugssysteme, nämlich den festen Teil (Maschine, Werkstück) und den beweglichen Teil (Werkzeugschlitten). Eventuelle zusätzliche Freiheitsgrade, die durch die Revolverdrehung oder die Hilfsachsen wie für den Reitstock hinzukommen, sollen hier wegen ihrer untergeordneten Rolle vorerst nicht berücksichtigt werden.

Bei der 4-Achsen-Drehbearbeitung hat man zwar nur doppelt so viele Freiheitsgrade, jedoch dreimal so viele zueinander verschiebbare Bezugssysteme:

- Maschine - Werkzeugschlitten 1;
- Maschine - Werkzeugschlitten 2;
- Werkzeugschlitten 1 - Werkzeugschlitten 2.

Alle drei Einzelsysteme können miteinander kollidieren. Daher müssen alle Bewegungen der drei Systeme zueinander in die Kollisionsbetrachtung miteinbezogen werden.

Der Vorteil bei der Simulation der 2-Achsen-Drehbearbeitung besteht darin, daß sie zeitunabhängig erfolgen kann, weil nur ein System betrachtet werden muß. Bei der 4-Achsen-Drehbearbeitung bewegen sich zwei Systeme unabhängig voneinander. Das bedeutet, daß bei der Simulation ein zeitlicher Zusammenhang zwischen den NC-Programmsätzen für die beiden Schlitten und damit zwischen den Bewegungen hergestellt werden muß, um ein unerlaubtes Kreuzen der Verfahrwege erkennen zu können. Dieser zeitliche Zusammenhang ist jedoch nur bei einer Kollisionsbetrachtung zwischen den beiden Schlitten (Koordination der beiden NC-Programme) notwendig. Für die Betrachtung "Maschine"-"Schlitten 1,2" ist dies nicht der Fall, so daß das System des 2-Achsen-Kollisionsschutzes dafür ohne weiteres übertragen werden kann. Nur für die Kollisionsbetrachtung "Schlitten 1"-"Schlitten 2" muß ein neues Modell entwickelt werden. In diesem Modell muß keine Werkstückaktualisierung und auch nicht die umfangreiche Geometrie von Maschine und Werkstück implementiert werden, weil nur die beiden Schlittenkonturen gegeneinander ge-

testet werden müssen. Dadurch reduziert sich der Rechenaufwand
erheblich. Dieser Zeitvorteil wird jedoch dadurch aufgezehrt, daß
die Synchronisation der NC-Sätze und das Zeitverhalten der Schlittenbewegungen berücksichtigt werden müssen, so daß mit einer ähnli-
chen Überprüfungszeit wie für das 2-Achsen-Kollisionsschutzsystem
gerechnet werden muß.

Das Kollisionsschutzsystem für die 4-Achsen-Drehbearbeitung läßt
sich demnach in die drei Module

   - Kollisionschutz "Maschine"-"Werkzeugschlitten 1",
   - Kollisionschutz "Maschine"-"Werkzeugschlitten 2" und
   - Kollisionschutz "Werkzeugschlitten 1"-"Werkzeugschlitten 2"

aufteilen, die sich bezüglich den Anforderungen an das Echtzeitverhalten ähnlich verhalten, so daß eine dreifache Rechnerleistung
anzusetzen ist.

Hardwaremäßig läßt sich dieses Problem durch den Einsatz von drei
Mikrocomputerplatinen lösen, die den Anforderungen von Kapitel
4.3.1 und 3.2 entsprechen. Es muß allerdings dabei berücksichtigt
werden, daß die Platinen über eine geeignete Kommunikationsschnitt-
stelle für den Datenaustausch untereinander verfügen müssen. Als
beste Lösung erscheint zur Zeit der Datenaustausch über einen
gemeinsamen Speicherbereich. Aus diesem Grund erscheint es sinnvoll, die Hardware für den Kollisionsschutz nicht mehr unmittelbar
in die Steuerung zu integrieren, wie es für die 2-Achsen-Drehbear-
beitung möglich ist, sondern in einem unabhängigen System zu be-
treiben, das über eine geeignete Schnittstelle (analog der in
4.3.1 beschriebenen) mit der Steuerung kommunizieren kann. Ein
weiterer Vorteil besteht in der besseren Anpaßbarkeit an die jeweilige Steuerung, da nur das Steuerungsinterface geändert werden muß,
während das restliche System ungeändert übernommen werden kann.

Es ist sinnvoll, ein offenes Bussystem zu verwenden, für das verschiedene Hersteller Computerplatinen anbieten, die miteinander
kombiniert werden können. Dies erspart aufwendige und teuere Neu-
entwicklungen. Geeignet erscheinen leistungsfähige Bussysteme, wie

der MULTIBUS II /G2,G3/ oder der VME-Bus /R3/, die auch für Mehr-
prozessorbetrieb gut geeignet sind. Durch den Einsatz möglichst
allgemeiner Computerplatinen ist man von speziellen Systemen eini-
ger weniger Hersteller unabhängig und kann auch leichter auf neuere
und leistungsfähigere Systeme umstellen, die für offene, weitver-
breitete Busse schneller verfügbar sind.

6.2 <u>Automatische Erfassung der kollisionsrelevanten Konturen durch Sensoren</u>

Eine der Hauptursachen von Kollisionen sind Bedienfehler. Durch
eine einfache Eingabe von möglichst wenigen Daten, die sofort
graphisch angezeigt werden und auf Plausibilität hin überprüft werden, soll das Kollisionsschutzsystem in der ersten Phase möglichst
sicher in der Bedienung gemacht werden. Dies wird erreicht, indem
nur die Daten eingegeben werden müssen, die häufig Änderungen
unterworfen werden. Dazu gehöhren

- die Rohteilabmessungen,
- die Belegung des Werkzeugrevolvers und
- die Werkzeugmaße.

Die Konturen der Werkzeuge, deren Anzahl in der Praxis begrenzt
ist, sind in einer Datei abgelegt und werden entsprechend abgerufen. Lediglich die Werkzeugmaße (Abstand der Schneidenspitze von
dem Schlittenbezugspunkt) sind variabel und müssen daher bei jeder
Bestückung des Revolvers neu definiert werden.

In der Praxis kann es jedoch vorkommen, daß es bei der Bestückung
des Revolvers mit den Werkzeugen zu Fehlern kommt, indem falsche
Werkzeuge eingesetzt, Werkzeuge vertauscht oder falsche Werkzeugmaße angegeben werden. In diesem Fall ist die Funktion des Kollisionsschutzes in Frage gestellt. Eine Möglichkeit, diese Fehlerquelle auszuschließen besteht darin, ein Werkzeugidentifizierungs-
system einzusetzen: Jedes Werkzeug ist mit einem eindeutigen Code
gekennzeichnet, der nach dem Einsetzen in den Revolver automatisch

gelesen wird. Alle Werkzeuge, die in dieser Maschine verwendet
werden, sind in der Datei des Kollisionsschutzsystems abgespeichert
und werden automatisch entsprechend dem Code abgerufen, so daß eine
Fehlbedienung des Kollisionsschutzes in diesem Punkt vermieden
wird. Werkzeugerkennungssysteme dieser Art sind bereits verfügbar.
Zukünftige Systeme werden in der Lage sein, zusätzlich Daten über
das Werkzeug zu speichern (z.B. Werkzeugeinstellmaß). Diese Spei-
cherfähigkeit ist eine zusätzliche Möglichkeit zur Sicherheitser-
höhung, weil mehr Informationen über das Werkzeug übermittelt werden können.

Die automatische Erfassung der Rohteilkontur erfordert wesentlich
mehr Aufwand, da die Kontur beliebig kompliziert sein kann. In
/K4,W3/ werden Systeme beschrieben, die eine automatische Rohteil-
vermessung ermöglichen. Sie sind allerdings nur für einfache Teile
einsetzbar. Bohrungen und innen ausgedrehte Konturen können zum
Beispiel nicht vermessen werden. Um jedoch auch diese Konturen
sicher erkennen zu können, muß noch ein geeignetes Sensorsystem
entwickelt werden. Wichtig ist, daß das System einfach und möglichst schnell ist, wobei die Genauigkeit eine geringe Rolle
spielt. Es darf die eigentliche Bearbeitung nur minimal belastet
werden, denn lange, aufwendige Meßvorgänge bedeuten große Nebenzei-
ten, die den wirtschaftlichen Einsatz des Kollisionsschutzsystems
in Frage stellen.

Ein anderer Weg wäre, mit Hilfe von DNC, die Rohteil- beziehungsweise Halbfertigteilkontur vom CAD-System (siehe auch Kapitel
3.8.1) direkt, beziehungsweise vom Kollisionsschutzsystem derjeni-
gen Werkzeugmaschine zu überspielen, auf der die letzte Bearbeitung
stattgefunden hat. Dies ist allerdings mit einem sehr großen Aufwand verbunden, der sich nur dann lohnt, wenn die Maschinen bereits
über ein automatisches Fertigungsleitsystem verknüpft und gesteuert
werden. In diesem Fall kann die vorhandene Kommunikationshard- und
Software für den Transport der Rohteilkonturdaten auch für den
Kollisionsschutz genutzt werden.

7 Zusammenfassung

In dieser Arbeit wurde ein Basissystem für einen umfassenden Kollisionsschutz für die 2-Achsen-Drehbearbeitung entwickelt und auf seine Einsatzfähigkeit hin untersucht. Ein besonderes Augenmerk wurde dabei auf die Verbindung von technischer Funktionalität mit einfachem Aufbau gelegt, um der Forderung nach einer wirtschaftlich einsetzbaren Lösung gerecht zu werden. Vorhandene Systeme erfüllen die umfassenden Anforderungen nur teilweise. Die Lösung beruht im wesentlichen auf dem neuen Prinzip, daß eine Steuerung redundant aufgebaut wird und so in der Lage ist, Fehlersituationen zu erkennen und vor Eintritt eines Schadens geeignete Maßnahmen zu treffen.

Es wurde gezeigt, daß es möglich ist, einen umfassenden Echtzeit-Kollisionsschutz für die 2-Achsen-Drehbearbeitung zu entwickeln, der sich wirtschaftlich einsetzen läßt. Echtzeit bedeutet, daß die Kollisionsüberprüfung schneller erfolgt als der Fertigungsprozeß, das heißt, daß die Maschine nicht angehalten werden muß. Dieser Kollisionsschutz deckt folgende Bereiche ab:

- Er ist eng (On-Line) mit dem Fertigungsprozeß gekoppelt und führt die Überprüfungen in Echtzeit mit allen zur Zeit gültigen Parametern durch.
- Er ist in allen Betriebsarten der Maschine wirksam.
- Er berücksichtigt den gesamten Arbeitsraum mit allen kollisionsgefährdeten Konturen.
- Er berücksichtigt technologische Grenzwerte.
- Er erkennt Fehlfunktionen der Steuerung und des Vorschubantriebssystems.
- Er ist einfach zu bedienen.

Das System wurde auf zwei handelsüblichen Einplatinen-Mikrocomputersystemen implementiert. Die Zweiteilung ergibt sich aus den Teilaufgaben:

- Überwachung der geometrischen Verfahrbefehle;
- Überwachung der Steuerung und der Maschine;

Die Überwachung der geometrischen Verfahrbefehle erfolgt durch eine Auswertung der Simulation aller Verfahranweisungen unmittelbar vor ihrer Ausführung. Die Simulation basiert auf der Grundlage, daß alle kollisionsgefährdeten Teile des Arbeitsraumes in der Bearbeitungsebene als Polygonzüge dargestellt werden. Nach einer Simulation der Werkstückbearbeitung mit der Anpassung der Werkstückkontur, findet die eigentliche Kollisionsüberprüfung statt. Kollisionen erkennt man an einer Überlappung dieser Polygonzüge, die aus Geschwindigkeitsgründen in 3 Stufen getestet wird:

- erste Überprüfung, ob die Konturen kollisionsgefährdet sind;
- falls dies zutrifft, findet eine grobe Überprüfung der Streckenzüge statt;
- nur die Strecken, die gefährdet sind, werden genau getestet.

Falls eine Kollision erkannt wird, wird die Maschine sofort angehalten und eine entsprechende Meldung ausgegeben.

Die Überwachung der Steuerung und der Maschine geschieht auf die Weise, daß aus den Verfahrbefehlen ein theoretischer Weg ermittelt wird. Die Bahnüberwachung kontrolliert laufend, ob die Schlittenposition von der Sollbahn abweicht, wobei ein gewisses Toleranzband erlaubt ist. Um die Schlittenposition sicher bestimmen zu können, wird der Einsatz eines zweiten, unabhängigen Meßsystems vorgeschlagen.

Dieser Echtzeitkollisionsschutz kann als Grundlage für weitere Entwicklungen in Richtung 4-Achsen-Drehbearbeitung oder Fräsbearbeitung dienen. Im Ausblick wird ein Konzept für einen 4-Achsen-Kollisionsschutz vorgeschlagen, der sich durch relativ einfache Erweiterungen aufbauen läßt.

8 Literaturverzeichnis

/A1/ Adner, H.,   Formschlüssige Überlastkupplung für Werkzeugma-
     Kiess, W.   schinen-Vorschubantriebe;
                      Maschinen-Bau-Technik 30, Nr.2, 1981, S. 59-60;

/A2/ Arnold, W.,   Adaptive Control beim Drehen, Fräsen und Boh-
     Scherer, J.   ren;
                      Werkstatt und Betrieb 115, Nr.8, 1982, S.489-
                      499;

/B1/ Balbach, J.,   Automatische Kollisionsüberwachung und Werk-
     Soliman, M.A.   zeugeinstellmaß-Ermittlung;
                      Industrie Anzeiger 104 Nr.36, 1982, S.50-52;

/B2/ Bentley, J.L.,   An Optimal Worst Case Algorithm for Reporting
     Wood, D.   Intersections of Rectangle;
                      IEEE Transactions on Computers C-29, No.7,
                      1980, S.571-576

/B3/ Bischoff, E.   Überlastschutz schon an der Spindelmutter - Wo
                      keine Masse, da kein Schaden;
                      Industrie Anzeiger 106 Nr.57, 1984, S.22-23;

/B4/ Boelke, K.   Strombegrenzung bei numerisch gesteuerten Werk-
                      zeugmaschinen;
                      HGF-Kurzberichte Nr.6, 1973, S.1-2;

/B5/ Brecket, l.   Tool Collision and Machine Considerations in
     Shum, J.   Adaptive Control Systems;
                      Annals of the CIRP 25 Nr.1, 1976, S.319-322;

/B6/ Bronstein, I.,   Taschenbuch der Mathematik; 16. Auflage;
     Semendjajew,K.   Verlag Harri Deutsch, Thun, 1976;

/C1/ Cuntz, H.   Intelligente Funktionsbausteine für numerisch
                      gesteuerte Werkzeugmaschinen;
                      Dissertation, TH Karlsruhe, 1981;

/D1/ Dobosiewicz,W. Sorting by Distributive Partitioning;
                    Information Processing Letters 7 No.1, 1978,
                    S.1-6;

/D2/ Dorn, L.   Mathematik-Coprozessor: Hundertmal schneller
                    als Software;
                    Elektronik H24, 1981, S.57-61;

/E1/ Ehrenberger,W. Softwarezuverlässigkeit und Programmiersprache;
                    Regelungstechnische Praxis 25, Nr.1, 1983,
                    S.4-29;

/E2/ Ehrenberger,W. Zuverlässigkeitseigenschaften diversitärer Pro-
     Kesten, M.   grammsysteme;
                    IFB 39 in /NN10/, 1981;

/E3/ Engeli, M.   Leistungsbeschreibung von Systemen Teil 5:
     Zünd, A.   Definition frei gekrümmter Flächen;
                    Informationszyklus NC-Technik Tagung 4, Teil 1,
                    1982, S.6.1-6.10;

/F1/ Foley, J.D.,   Fundamentals of Interactive Computer Graphics;
     Van Dam, A.   Addison-Wesley Publishing Company, 1982;

/F2/ Friedmann, N. Some Results on the Effect of Arithmetics on
                    Comparison Problems;
                    Proc. 13th IEEE Symposium on Switching and
                    Automata Theory, 1972, S.139-143;

/G1/ Gerike, E.   Verfügbarkeitsberechnungen für komlexe Fertig-
                    ungseinrichtungen;
                    IPA-Forschung und Praxis Nr. 50, Disseration
                    Stuttgart, Springer Verlag Berlin 1981;

/G2/ Geyer, J.   Multibus II: 32-Bit-Bus für leistungsfähige
                    offene Systeme; Teil 1;
                    Elektronik Nr.26, 1983, S.32-37;

/G3/ Geyer, J.   Multibus II: 32-Bit-Bus für leistungsfähige
                      offene Systeme; Teil 2;
                      Elektronik Nr.1, 1984, S.52-55;

/G4/ Guttropf, W.   Leistungsmessung zum Überwachen von Werkzeugma-
     Müller, B.   schinen;
                      Berner Rundschau Nr.7, 1981, S.17-18;

/H1/ Haferkorn, W.   Kollisionsschutz an Werkzeugmaschinen;
     Fingberg, W.   Werkstatt und Betrieb 115 Nr.9, 1982,
                      S.575-577;

/H2/ Harrington, S.   Computer Graphics; A Programming Approach;
                      McGraw-Hill, USA, 1983;

/H3/ Herrscher, A.   Grafische Simulation von Doppelschlittenbear-
     Weser, A.   beitung auf Drehmaschinen;
     Kayser, K.H.,   wt Zeitschrift für industrielle Fertigung
     Scheifele, D.   Nr.75, 1985, S.363-366;

/H4/ Hertzig, K.H.   Leistungsbeschreibung von Systemen Teil 2;
                      Informationszyklus NC-Technik Tagung 4,Teil 1,
                      1982, 3.1-3.26;

/H5/ Hohwieler, E.   Grafisch-dynamische Simulation für die CNC-
     Potthast, A.   Doppelschlittendrehbearbeitung;
                      Zeitschrift für wirtschaftliche Fertigung 80
                      Nr.8, 1985, S.342-348

/J1/ Jensen, K.   PASCAL User Manual and Report;
     Wirth, N.   Springer Verlag, Berlin, 1974;

/K1/ Klette, R.,   Algorithms for Testing Convexity of Digital
     Krishnamurthy   Polygons;
                      Computer Graphics and Image Processing, Nr. 16,
                      1981, S.177-184;

/K2/ Kluft, W. Prozeßbegleitende Werkzeugüberwachung der Zer-
     König, W. spankraftmessungen;
                Sensor'83 Transducer-Technik, Schweitzer
                Mustermesse Basel, 1983, S.53-68;

/K3/ König, W. Prozeßbegleitende Werkzeugüberwachung der Zer-
     Kluft, W. spankraftmessungen;
                Schweizer Maschinenmarkt 84 Nr.2, 1984,
                S.16-20;

/K4/ Kohler, P. Automatisiertes Messen mit NC-Werkzeugmaschi-
                nen;
                Dissertation Stuttgart, 1985;

/L1/ Leonards, F. Ein Beitrag zur meßtechnischen Erfassung von
                Prozeßsteuerungsgrößen bei der Drehbearbeitung;
                Dissertation Berlin, 1978;

/M1/ Milberg, J. Entwicklungstendenzen in der automatisierten
                Produktion;
                Technische Rundschau 77 Nr.37, 1985, S.42-48

/M2/ Milberg, J. Umfassender Kollisionsschutz für Drehmaschinen;
     Pilland, U. Industrie Anzeiger 108 Nr.10, 1986, S.34-38

/M3/ Müller, U. Gezielte Maschinenüberwachung;
     Mehles, H. Schweizer Maschinenmarkt 82 Nr.38, 1983,
                S.22-26;

/N1/ Naber, H. Programm zur Übernahme von Werkzeuggeometrien
                aus CAD/CAM-Systemen in eine Werkzeugdatei.
                Programm zur manuellen Werkzeugkonstruktion;
                Diplomarbeit an der TU München, 1985

/N2/ Noh, A. Adaptive Control System for Lathe;
     Fujita, S. Toshiba Review 87, 1973, S.14-18;

/O1/ O'Rourke, J.,   A New Linear Algorithm for   Intersecting
     Chi-Bin Chien, Convex Polygons;
     Olson, T.   Computer Graphics and Image Processing, Nr.19,
     Naddor, D.   1982, S.384-391;

/P1/ Pavlidis, T.   Representation of Figures by Labeled Graphs;
                     Pattern Recognition Nr.4, 1972, S.5-17;

/P2/ Pilland, U.   Anforderungen an einen umfangreichen Kolli-
                     sionsschutz für Drehmaschinen;
                     Industrie Anzeiger 107 Nr.6, 1985, S.30-31

/P3/ Pilland, U.   Eine wirtschaftliche Echtzeitkollisionserken-
                     nung für Drehmaschinen;
                     Industrie Anzeiger 108 Nr.12, 1986, S.38-39

/P4/ Pilland, U.   Überwachung des Handbetriebes - eine wichtige
                     Aufgabe für einen umfassenden Online-Kolli-
                     sionsschutz;
                     Industrie Anzeiger 108 Nr.21, 1986, S.43-44

/P5/ Pritschow, G.   Ein Beitrag zur technologischen Grenzregelung
                     bei der Drehbearbeitung;
                     Dissertation, TU Berlin, 1972;

/R1/ Rahmacher, K,   Erfahrungen bei der Entwicklung und Anwendung
     Hesselmann, J. eines grafischen Prozess-Simulationssystems;
                     ZwF 78 Nr.6, 1983, S.276-279;

/R2/ Reithofer, N.   Darstellung von Verfügbarkeitsdaten aus der
                     industriellen Praxis;
                     Vortrag auf dem AWF-Seminar Nutzungsverbes-
                     serung, Bad Soden, 12.1986

/R3/ Rudyk, M.   VME-Bus; Modulares Konzept für μC-Karten mit
                     Europaformat;
                     Elektronik Nr.10, 1982, S.90-96

- 123 -

/S1/ Schindler, M.   Echtzeitprobleme erfordern neue Programmier-
sprachen;
Elektronik Nr.22, 1983, S.67-73;

/S2/ Schindler, M.   Computersprachen;
Elektronik, Nr.1, 1982, S.74-83;

/S3/ Schmitt, A.   On the Computational Power of the Floor
Function;
Information Processing Letters Vol. 14, Nr.1,
1982, S.1-3;

/S4/ Schmitt, A.   Datenverarbeitung;
Fridericiana, Zeitschrift der Universität
Karlsruhe Nr. 30, 1982, S.5-19;

/S5/ Schreiter, P.   Kollisionsschutz-Einrichtungen an numerisch ge-
steuerten Werkzeugmaschinen;
Werkstatt und Betrieb 117 Nr.8, 1984,
S.517-520;

/S6/ Schröter, J.   Rechnergenertierte Bewegungsdarstellungen auf
Graphik-Systemen der Automatisierungstechnik;
Dissertation, Universität-Gesamthochschule
Wuppertal, 1982;

/S7/ Schumann, R.   Neuartiger Kollisionsschutz für CNC-Maschinen;
Antriebstechnik 22 Nr.12, 1983, S.27-28;

/S8/ Schön, M.   EXAPT-Werkstoffdatei für die Drehbearbeitung;
Diplomarbeit an der TU München, 1985, ;

/S9/ Shamos, M.I.   Geometric Complexity;
Proc. Annual ACM SIGACT Symposium, 1975,
S.224-233;

/S10/Shamos, M.I.   Geometrics intersection problems;
    Hoey, D.   Proc. 17th Annual Symposium on Foundation of
                    Computer Science, 1976, S.208- 215;

/S11/Slansky, J.   Measuring Concavity on a Rectangular Mosaic;
                    IEEE Transactions on Computer C-21 Vol.12, 1972,
                    S.1355-1364;

/S12/Spur, G.,   Grafisches Simulationssystem für die NC-Dreh-
    Potthast, A.   bearbeitung;
                    ZwF 76 Nr.8, 1981, S.387-399;

/S13/Spur, G.,   NC-Programmkontrolle mit dynamischer Simulation
    Potthast, A.   bei der Drehbearbeitung;
                    ZwF 76 Nr.4, 1981, S.153-155;

/S14/Spur, G.,   Dynamische Simulation der Drehbewegung;
    Potthast, A.   Kolloquium im Fraunhofer-Institut für Pro-
                    duktionsanlagen TU Berlin, 1983, S.85-97;

/S15/Staiger, G.   Graphisch-interaktive NC-Programmierung von
                    Drehteilen im Werkstattbereich;
                    Dissertation, TH Karlsruhe, 1985;

/S16/Stoer, J.   Einführung in die numerische Mathematik 1;
                    Springer Verlag, Berlin, 1976;

/S17/Streifinger,E. Beitrag zur Sicherung der Zuverlässigkeit und
                    Verfügbarkeit moderner Fertigungsmittel unter
                    besonderer Berücksichtigung von Kollisionen im
                    Arbeitsraum;
                    Dissertation, München, 1983;

/S18/Stute, G.   Verfahren zur Auffahrsicherung bei Schleifma-
    Kohler, P.   schinen und Vorrichtung hierzu;
                    Offenlegungsschrift DE 3118065 A1,
                    Deutsches Patentamt München , 25.11.1982;

/U1/ Ulrich, J.

Die kinetische Energie der Motoren ist ent-
scheidend: Verhütung von Kollisionsschäden;
Industrie Anzeiger 104 Nr.45, 1982, S.92-94;

/W1/ Watanabe,
u. a.

Vorrichtung zum Überwachen der Bearbeitungsbe-
dingungen an Drehmaschinen;
Deutsches Patentamt, Auslegeschrift: 22 51 333;

/W2/ Weck, M.

Werkzeugmaschinen Band 3; Automatisierungstechnik und Steuerungstechnik;
VDI-Verlag GmbH Düsseldorf, 1982;

/W3/ Weck, M.
Breuer, F.

Optoelektronisches Erfassen der Rohteilgeome-
trie von NC-Drehteilen;
Industrie Anzeiger 103 Nr.54, 1981, S.27-32;

/W4/ Welch, A.

Verification of NC Programs by Simulation;
Manufacturing Engineering 85 Nr.3, 1980,
S.77-82;

/W5/ Wrba, P.

Computer Aided Handling - eine neue CIM-Kompo-
nente;
Technische Rundschau Nr.7, 1986, S.110-115;

/Z1/ v.Zeppelin, W. Fortschritte in der Entwicklung von CNC-Steu-
Klauss, W.   erungen für Drehmaschinen;
ZwF 90 Nr.78, 1984, S.257-267;

/Z2/ v.Zeppelin, W. Grafische Simulation erleichtert das Programmieren der NC-Drehbearbeitung;
Zeitung für wirtschaftliche Fertigung 77 Nr.8,
1982, S.353-357;

/NN1/ N.N.

Bedienungsanleitung für die MD5S; Ausgabe 4178;
Gildemeister Max Müller, Hannover;

/NN2/ N.N.   CNC-Produktionsdrehautomat   G D   2 0 0 - 4 A ;
                   Funktionsbeschreibung;
                   Gildemeister AG, Bielefeld, 1981;

/NN3/ N.N.   EUCLID Language Reference Manual, Version DTV80
                   4.1;
                   Matra Datavision, 1985;

/NN4/ N.N   EUCLID Advanced Programming Manual, Version
                   DTV80 4.1;
                   Matra Datavision, 1985;

/NN5/ N.N.   DIN 66025: Programmaufbau für numerisch
                   gesteuerte Arbeitsmaschinen;
                   Blatt 1; Allgemeines;
                   Beuth-Vertrieb GmbH, Berlin 30, Köln, 1972, ;

/NN6/ N.N.   DIN 66025: Programmaufbau für numerisch
                   gesteuerte Arbeitsmaschinen;
                   Blatt 2; Wegbedingungen und Zusatzfunktionen;
                   Beuth-Vertrieb GmbH, Berlin 30, Köln, 1973, ;

/NN7/ N.N.   DIN 66025 Programmaufbau für numerisch
                   gesteuerte Arbeitsmaschinen;
                   Blatt 3; Vorschübe und Spindeldrehzahlen;
                   Beuth-Vertrieb GmbH, Berlin 30, Köln, 1972, ;

/NN8/ N.N.   DIN 66264: Teil 1; Mehrprozessorsteuersystem
                   für Arbeitsmaschinen (MPST); Parallelbus;
                   Beuth Verlag, Berlin 30;

/NN9/ N.N.   DIN 66264: Teil 2; Mehrprozessorsteuersystem
                   für Arbeitsmaschinen (MPST); Regeln für den
                   Informationsaustausch;
                   Beuth Verlag, Berlin 30;

/NN10/ N.N.   Fachtagung Prozessrechner 1981, München; Infor-
                    matik Fachberichte IFB 39;
                    Springer Verlag Berlin, 1981;

/NN11/ N.N.   TNC 155; Die vielseitige 4-Achsen-Bahnsteu-
                    erung;
                    Heidenhain Firmenprospekt, Traunreut, 1985;

/NN12/ N.N.   Blitzschnell abgekuppelt: NC-Sicherheitskupp-
                    lungen verhindern Kollisionen;
                    Konstruktion und Design 10 Nr. 36, 1983, S.36;

/NN13/ N.N.   Überlastschutz an Vorschubachsen;
                    Konstruktion,Entwicklung und Design Nr.2, 1984,
                    S.34-39;

/NN14/ N.N.   Automatischer Werkzeugwechsel mit WZ-System und
                    Schneidenbruch-Sensor;
                    Maschine und Werkzeug 83 Nr.11, 1982, S.76;

/NN15/ N.N.   The 8086 User's Manual;
                    Druckschrift der Firma INTEL, 1981;

/NN16/ N.N.   INFOS - Informationszentrum für Schnittwerte;
                    Laboratorium f. Werkzeugmaschinen u. Betriebs-
                    lehre d. Rheinisch-Westf. Hochschule Aachen;

/NN17/ N.N.   CNC 3000; Das Automatisierungskonzept für Ihre
                    Drehmaschine;
                    Philips Firmenprospekt, Eindhoven;

/NN18/ N.N.   Procontic CNC-Komponenten; Prozessor 8086/8087
                    35ZP93; Technische Daten;
                    BBC Heidelberg, Druckschrift Nr. 84,58;

/NN19/ N.N.   Procontic CNC-Komponenten; Datenschnittstelle
                    35DS93; Technische Daten;
                    BBC Heidelberg, Druckschrift Nr. 84,60;